青少年人工智能系列教程

人工智能之Mixly趣味编程（第2版）

秦志强　编著

電子工業出版社
Publishing House of Electronics Industry
北京·BEIJING

内容简介

Mixly（米思齐）是一款由北京师范大学创客教育实验室傅骞团队开发的图形化、模块化编程软件，适合青少年学习机器人人工智能编程时使用。

本书首先从最简单的机器人听觉和视觉反应式人工智能行为编程出发，循序渐进地引导学生学习如何应用Mixly编程软件实现反应式人工智能的编程，掌握相关传感器与机器人的连接方式、信息处理方式和编程控制方法；然后通过制作和编程实现具有实用功能的循线机器人，并完成相应的竞赛项目，让学生掌握多传感器人工智能软件的图形化编程方法；最后通过制作简单的家庭服务机器人和创意家居机器人，培养学生综合应用所学知识解决复杂问题的能力。

本书可作为青少年学习人工智能的读物，也可供广大机器人编程爱好者参考使用。配套器材由全童科教（东莞）有限公司研发和授权销售。

图书在版编目（CIP）数据

人工智能之Mixly趣味编程 / 秦志强编著. —2版. —北京：电子工业出版社，2021.9
ISBN 978-7-121-41889-1

Ⅰ.①人… Ⅱ.①秦… Ⅲ.①智能机器人－程序设计－青少年读物 Ⅳ.①TP242.6-49

中国版本图书馆CIP数据核字（2021）第175702号

责任编辑：王昭松
印　　刷：中国电影出版社印刷厂
装　　订：中国电影出版社印刷厂
出版发行：电子工业出版社
　　　　　北京市海淀区万寿路173信箱　　　邮编：100036
开　　本：880×1 230　1/24　　印张：6.25　　字数：126千字
版　　次：2018年3月第1版
　　　　　2021年9月第2版
印　　次：2021年9月第1次印刷
定　　价：48.00元

凡所购买电子工业出版社图书有缺损问题，请向购买书店调换。若书店售缺，请与本社发行部联系，联系及邮购电话：（010）88254888，88258888。

质量投诉请发邮件至 zlts@phei.com.cn，盗版侵权举报请发邮件至dbqq@phei.com.cn。

本书咨询联系方式：（010）88254015，wangzs@phei.com.cn，QQ83169290。

前言

随着科学技术的不断进步，我们的社会已经进入人工智能时代。人工智能就是可以通过计算机编程实现的智能。人的智能一旦变成人工智能，也就是计算机智能，就可以代替人类更好地完成智能工作，甚至超过人类智能，比如下象棋和下围棋，因为计算机不会像人一样出现疲劳和错误！这就是 AlphaGo 一旦打败人类的围棋世界冠军，人类的围棋世界冠军就再也赢不过计算机的原因。

那么，哪些智能是可以通过计算机编程实现的呢？这里需要我们了解人类智能的基本形式和层次。人类的智能可以归纳为三个层次：最基本的智能是理解事实；其次是理解规则和执行规则；最高层次的智能则是人类所独有的智能，即创造新的事实和新的规则。

能够明确描述的事实和规则都是计算机可以实现的智能。我们学习人工智能，首先要学习如何从要解决的问题中提炼出基本的事实和规则，然后根据这些基本的事实和规则去解决问题，也就是根据事实和规则进行推理。因此，学习人工智能的第一步，就是能够提炼出基本的事实和规则，以及解决问题的规则序列，然后将这些规则序列翻译成计算机程序，即编程。人类在给计算机编程之前，必须先给自己编程。

这套青少年人工智能系列教程从《初识人工智能》开始，分为十本，内容循序渐进，层层深入。每本教程都力求浅显易懂、可操作性强，富有趣味性和吸引力。

◎《初识人工智能》。通过遥控机器人和循线机器人的制作，让学生了解沟通、遵守规则是人类的基本智能，而且人类掌握的规则越多，就越聪明、越博学。同学们既要做一个遵守规则的合法公民，也要知道在什么时候该突破规则、定义新规则，成为具有创新和创造能力的人。

◎《人工智能之图形编程》。当了解和掌握了事实和规则的描述方法之后，就可以学习如何采用 Mixly 图形编程工具将一些基本的规则翻译成图形程序。通过与具体的模块化机器人配合，进一步了解人工智能的规则定义和图形化编程方法。

◎《人工智能之 Mixly 趣味编程（第 2 版）》。这本书将介绍更多的传感器知识和人工智能程序的编程方法。从这本书开始，同学们将使用一种新的积木——金属积木来构建机器人。这种机器人更加接近日常生活中有实际用途的机器人，基于它可以编写更多有实用价值的人工智能程序。

◎《人工智能之 Scratch 编程》。这本书以 S4A 拓展模块为基础，引导学生学习如何制作可以实现人机互动的游戏或者动漫。

◎《基础机器人制作与编程》。从这本书开始，将过渡到真正的计算机语言编程——BASIC。BASIC 是世界上第一种高级计算机语言，目前仍被欧美等发达国家的中小学采用，因为 BASIC 语言最接近英语，而且无须了解复杂的计算机结构，故可以让学习者专心于程序的逻辑问题。在这本书中还首次引入电子元器件，让学生了解电路是如何与我们的计算机协同工作的。

◎《Arduino 机器人制作、编程与竞赛（初级）》。Arduino 编程就是 C 语言编程，只是简化了复杂的头文件和库结构的引用。这本书以计算机显示技术为主线，通过控制 1 个 LED 灯的亮和灭、3 个 LED 灯的亮和灭、8 个 LED 灯的亮和灭、64 个 LED 灯的亮和灭等，带领学生学习和掌握计算机显示的方法、原理和技术，然后通过编程实现电机控制和蓝牙遥控等，最后制作出具有蓝牙遥控功能的表情显示机器人和遥控灭火机器人。

◎《Arduino 机器人制作、编程与竞赛（中级）》。这本书以红外遥控智能玩具机器人的制作和编程为主线，引导学生学习和掌握数字音乐、随机漫游、机器人跟随和红外遥控的通信解码技术等，并完成一个完整的遥控智能玩具机器人的设计和开发流程，最后引导学生去挑战中国教育机器人大赛的智能搬运、擂台和灭火等竞赛任务。

◎ 学完 Arduino 机器人的初级和中级教程以后，就可以学习《Arduino 竞技机器人制作与编程》了。这本书以未来参加机器人大师赛为目标，指导学生应用所学知识设计自己的战斗机器人去与对手的机器人对抗。不是一对一的对抗，而是团队的对抗，这就要求学生要学会团队协作。这本书会提供几种标准的机器人制作和编程方法，但是鼓励同学们发挥自己的创意和智慧，用自己的方法去赢得胜利！

◎《机器人程序设计（C 语言）》。这本书将带领学生进入计算机的内部世界，真正了解计算机的原理和计算机操作系统的编程技术。掌握了这本书的精髓，同学们进入大学以后就可以轻松地学习计算机编程类课程了。你们可以专注于专业知识的学习和技能的提升，自如地去应对各种未知的专业挑战！

◎《计算机程序设计（C++）》。这本书将学习面向对象的程序设计技术，这是专业计算机工程师所必须具备的核心技能。该书将 C++ 计算机程序设计与计算思维完美融合，将高中数学、物理和高等数学、大学物理的内容设计成一系列实际的工程计算项目，帮助学生真正了解和掌握计算思维，以及如何用 C++ 语言去编程实现。

每本教程都以机器人制作项目贯穿始终，采用 STEAM 的理念设计学习过程，并且在学习过程中设计各种竞赛项目，内容充满挑战且引人入胜！每本教程都含有至少一个中国教育机器人大赛的总决赛竞赛项目。同学们有机会与同行们 PK，展示自己的才华和实力！

同学们，让我们一起走进充满挑战和趣味的人工智能世界吧。只有坚持不懈、持之以恒，你们才能成长为未来的机器人大师，成为创新和创造能力超强的时代精英！

松山湖国际机器人研究院　秦志强　博士

目录

第1章 进入人工智能机器人的世界

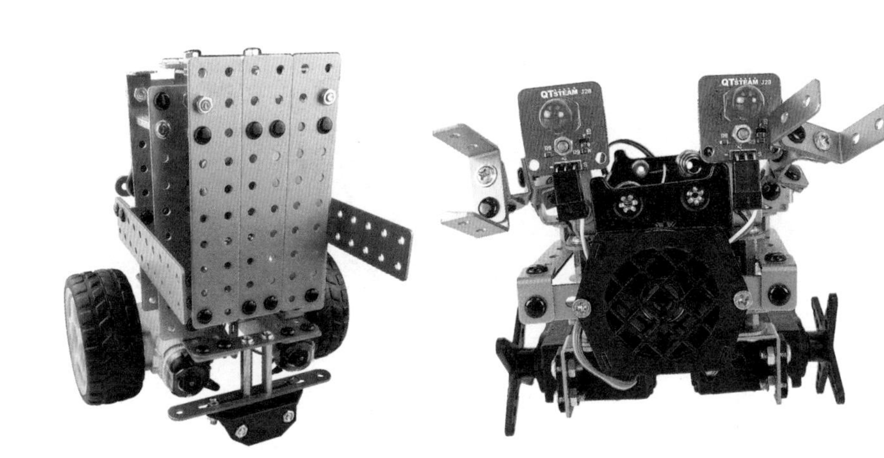

教学视频

演示视频

想一想自己都认识些什么样的机器人呢？你是在哪里见到这些机器人的？是在电视上，动漫里，还是海报上？

其实，在我们的日常生活中就有很多的机器人，如扫地机器人、玩具机器人、社交机器人等，还有我们将要边做边学的教育机器人。这些机器人都是通过人工智能软件控制的，它们都是人工智能机器人。

1.1 认识 OpenBot 2A 机器人

本书将要介绍的教育机器人，叫作 OpenBot 2A，如图 1.1 所示。

图 1.1 OpenBot 2A 机器人

它具有以下几个特点。

❶ 由金属积木搭建，可自由拆装拓展，有助于锻炼动手能力和双手协调能力。

❷ 可自主编程，实现个人创意，带来更多乐趣。

❸ 支持图形化编程和 Arduino C 语言编程。

❹ 预装多种传感器和人工智能软件。

❺ 可拓展参加中国教育机器人大赛，与来自全国的机器人创客分享经验。

玩一玩，看看 OpenBot 2A 机器人有哪些好玩的人工智能程序和功能呢？

OpenBot 2A 机器人的组成如图 1.2 所示。

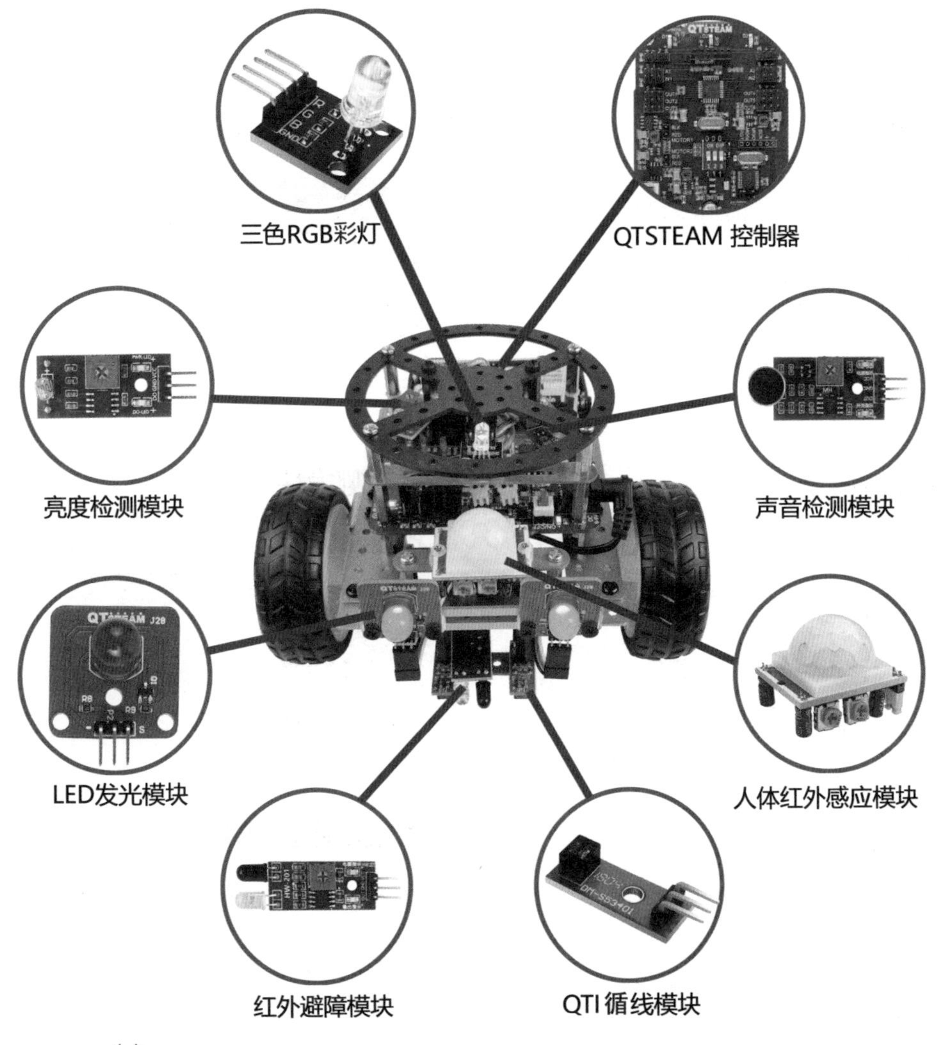

图 1.2 OpenBot 2A 机器人的组成

思考：这些模块都有些什么作用呢？

1.2 认识 OpenBot 2A 机器人的模块

三色RGB彩灯

红色(Red)
绿色(Green)
蓝色(Blue)
可以发出各种颜色
也可以单独发出一种颜色

QTSTEAM 控制器

机器人的大脑
指挥机器人接收信号
指挥机器人做动作

亮度检测模块

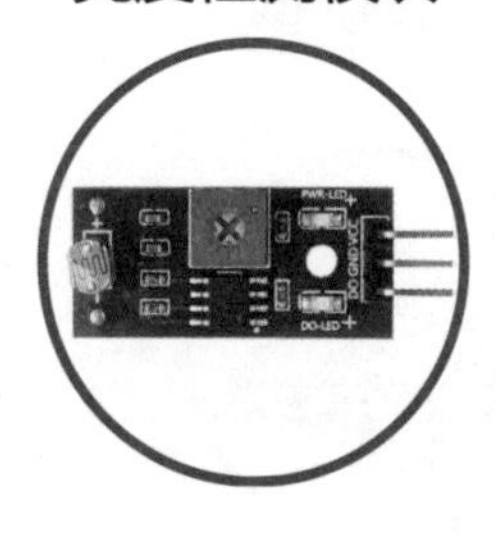

机器人的眼睛
即光敏传感器
可以检测光线亮暗
让机器人知道白天与黑夜

声音检测模块

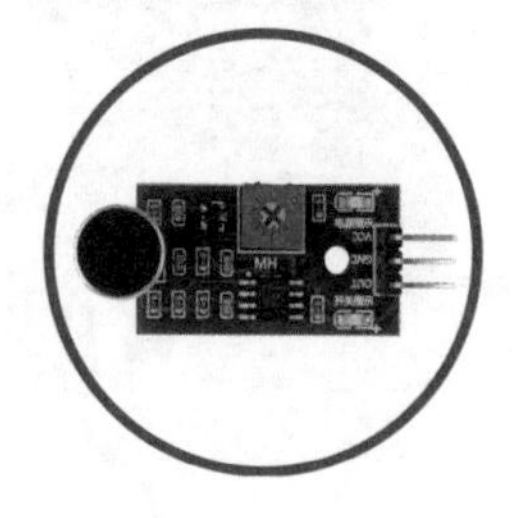

机器人的耳朵
即声音传感器
可以检测是否有声音
让机器人知道安静与喧嚣

LED发光模块

发光
仿真机器人的眼睛
让机器人更加炫彩

人体红外感应模块

接收人体发出的红外信息
让机器人感知人的存在

红外避障模块

避障传感器
可以检测障碍物
让机器人知道前方有障碍物

QTI 循线模块

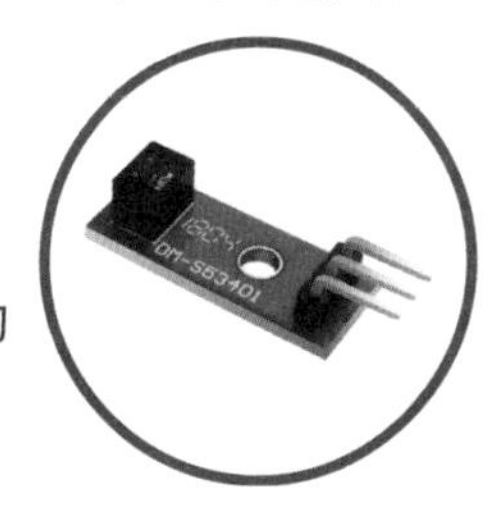

QTI灰度传感器
可以检测黑线和白线
让机器人可以循线行走

1.3 机器人的大脑——QTSTEAM 控制器

你觉得在上一节所认识的模块中，哪一个是机器人最重要的模块呢？

机器人最重要的模块——机器人的大脑

OpenBot 2A 教育机器人的大脑就是 QTSTEAM 控制器，其基本组成如图 1.3 所示。

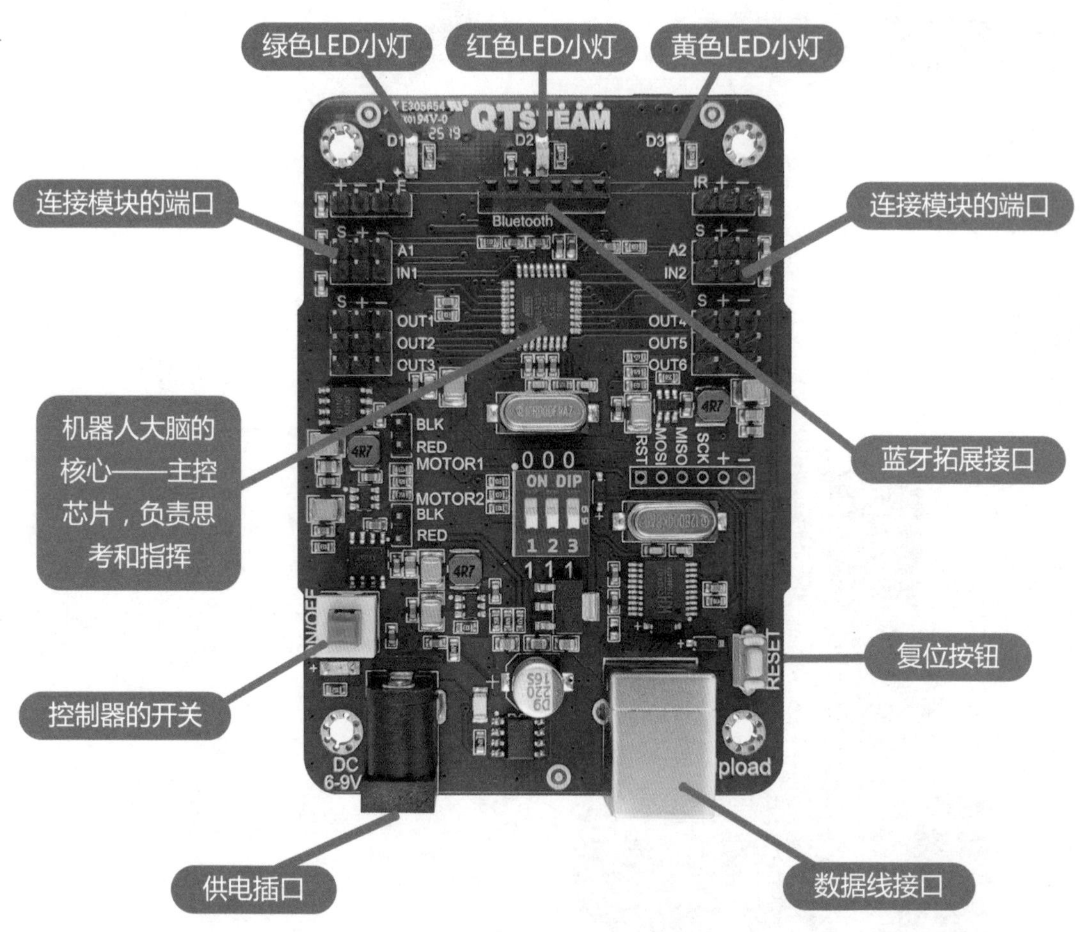

图 1.3 QTSTEAM 控制器的基本组成

仔细观察机器人的大脑，看看你认识些什么？

1.4 机器人的翻译官——Mixly

中文名：米思齐
英文全称：Mixly_Arduino

米思齐是一款由北京师范大学教育技术学院创客教育实验室傅骞教授团队开发的图形化编程软件。它就像机器人的翻译官一样，可以将我们编写的语言翻译成机器人能看得懂的语言，并且将这个语言传输给机器人大脑。

Mixly 就是我们的翻译官，它懂得我们的语言，也懂得计算机的语言。它不能直接控制我们做动作，只能翻译人们所编辑的指令。因此，如果想要控制我们机器人做相应的动作，就需要先将指令告诉 Mixly，再由 Mixly 翻译给我们机器人的大脑。

想一想，为什么 Mixly 被称为机器人的翻译官，而不是老师呢？

第2章 安装Mixly

2.1 获取Mixly

大家已经认识到了Mixly的重要作用，是不是迫不及待地想要学习使用这款软件啦？不过呢，使用之前要先安装这款软件。下面我们就一起来安装Mixly吧！

准备工作

安装Mixly前，你需要准备好OpenBot 2A机器人和与其配套的数据线，以及一台联网的计算机，如图2.1所示。

（a）OpenBot 2A机器人

（b）配套的方口USB数据线

（c）一台联网的计算机

图2.1 准备工作

大家准备好了吗？让我们开始吧！

获取安装软件及完成软件安装

❶ 打开浏览器，在浏览器中输入全童科教官网地址 http://www.qtsteam.com/，打开全童科教官网界面，如图 2.2（a）所示。

❷ 找到“教学服务”项，选择第四个选项“资料下载”，此时会跳转到资料下载界面，找到“Mixly 课程软件”和“USB 串口驱动”，如图 2.2（b）所示。单击右方“下载”按钮，跳转到百度网盘下载界面，如图 2.2（c）所示。在百度网盘里完成下载操作。是不是很简单！

（a）全童科教官网界面

（b）资料下载界面

（c）百度网盘下载界面

图 2.2 获取安装软件

❸ 下载完成后，解压“OpenBot Mixly 2.0 库”“Mixly0.998_WIN(7.9)”“CH341SERDriver（USB 串口驱动）”3 个压缩包，如图 2.3 所示。

（a）完成下载　　（b）完成解压

图 2.3 解压文件

❹ 打开 “CH341SERDriver（USB 串口驱动）” 文件夹，会看到该文件夹中的全部内容，如图 2.4（a）所示。这是需要我们安装的机器人主板的驱动，适用于 Windows7 操作系统和 Windows10 操作系统，由于我们使用的计算机采用的是 64 位的 Windows7 操作系统，所以直接打开“SETUP.EXE”文件安装即可。打开以后可以看到驱动安装窗口，如图 2.4（b）所示。

名称	修改日期
DRVSETUP64	2017/4/19 11:31
CH341PT.DLL	2005/7/30 0:00
CH341S64.SYS	2011/11/5 0:00
CH341S98.SYS	2007/6/12 0:00
ch341SER.CAT	2011/11/25 7:22
CH341SER.INF	2011/11/4 0:00
CH341SER.SYS	2011/11/5 0:00
CH341SER.VXD	2008/12/18 0:00
SETUP.EXE	2012/2/15 0:00

（a）“CH341SERDriver（USB串口驱动）”文件夹里面的全部内容

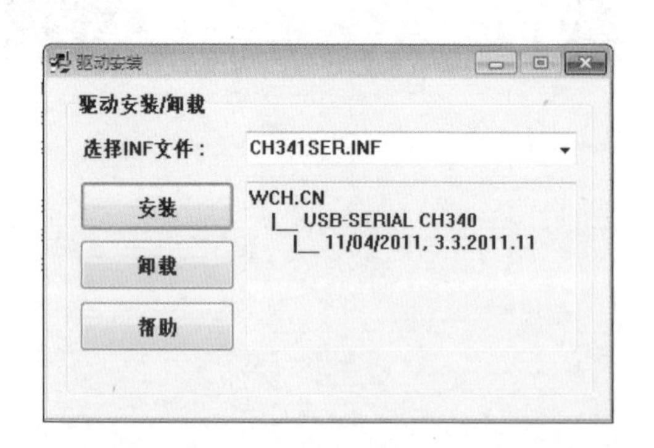

（b）驱动安装窗口

图 2.4 选择并打开主板的设备驱动程序

❺ 用配套的数据线将机器人和计算机连接起来，然后单击“安装”按钮，此时会弹出如图 2.5 所示的界面，说明设备驱动程序已安装完毕。单击“确定”按钮关闭对话框。

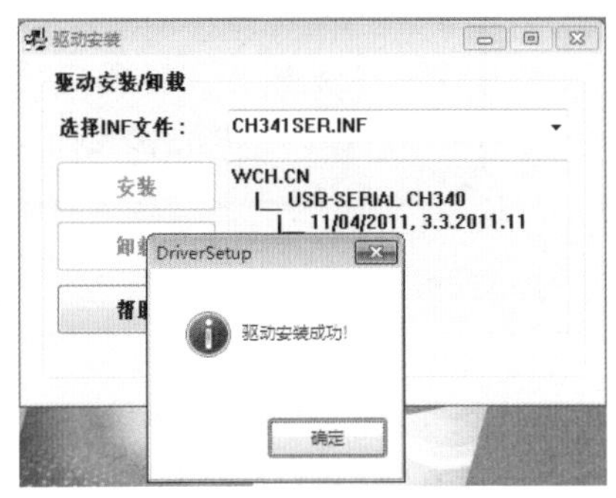

图 2.5 驱动安装成功

❻ 在桌面上的“计算机”图标上单击鼠标右键，在弹出的快捷菜单中选择“设备管理器”。如果看到串口已连接，则说明驱动安装正常，此时就可以安装 Mixly 软件了，如图 2.6 所示。

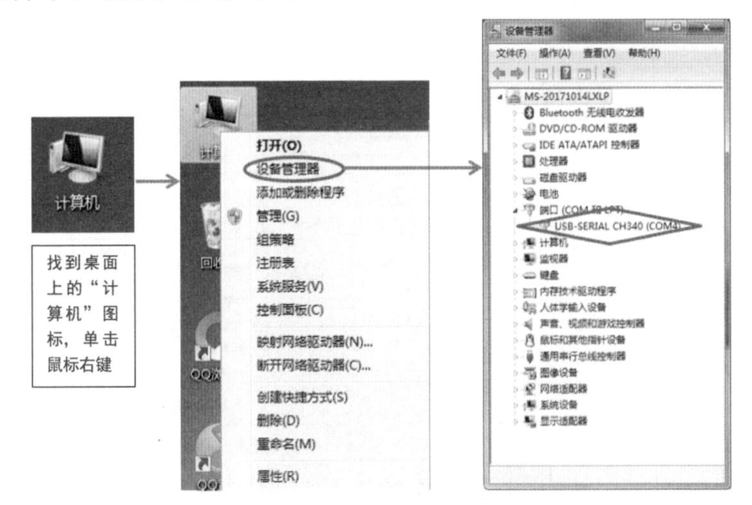

图 2.6 查看串口连接状态

有没有完成这一步呢？没有完成的话，计算机是无法和机器人通信的，Mixly 也就不能给机器人翻译了。所以，没有完成驱动安装的同学需要寻求老师或者其他同学的帮助哦！

❼ Mixly 的安装十分简单，找到 Mixly0.998_WIN(7.9).zip 文件，单击鼠标右键，选择“解压到 "Mixly0.998_WIN(7.9)\"(E)”，打开解压好的文件夹，具体步骤如图 2.7（a）～（f）所示。

（a）打开 Mixly 所在文件夹　　（b）打开 Mixly0.998_WIN(7.9).zip 右键快捷菜单

图 2.7 安装 Mixly 软件

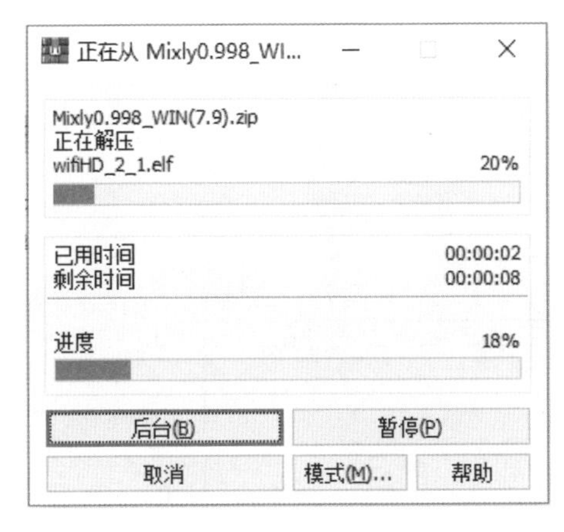

（c）正在解压 Mixly0.998_WIN(7.9).zip 文件

电脑 › 资料 (H:) › 1.全童科教 › MIXLY课程软件

名称	修改日期
CH341SERDriver（USB串口驱动）	2021/4/28 17:23
Mixly0.998_WIN(7.9)	2021/4/13 10:02
OpenBot Mixly 2.0库	2021/4/13 10:29
CH341SERDriver（USB串口驱动）.rar	2021/4/29 9:05
Mixly0.998_WIN(7.9).zip	2021/4/7 14:43
mixly安装流程.docx	2021/4/7 14:42
OpenBot Mixly 2.0库.zip	2021/4/7 14:42

（d）解压完成

（e）在 Mixly0.998_WIN(7.9) 文件夹中双击 Mixly.exe 文件

（f）Mixly 软件界面

图 2.7 安装 Mixly 软件（续）

2.2 Mixly 的界面及库的导入

Mixly 的界面及各功能区的说明如图 2.8 所示。

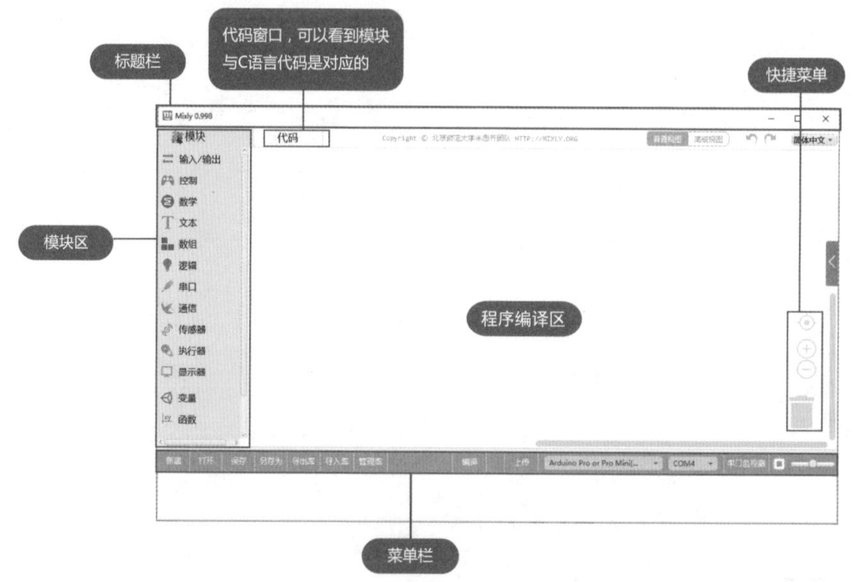

图 2.8 Mixly 的界面及各功能区的说明

添加库，就是让 Mixly 懂得更多的代码翻译，就像一个翻译官自己学习一些新的词语一样。

导入库

配套的 OpenBot 库文件的压缩文件已经在从全童科教官网下载的“Mixly 课程软件”包中，将其解压到当前目录，生成文件夹“OpenBot Mixly 2.0 库”。

单击菜单栏中的“导入库”项，在弹出的对话框中选择文件夹“OpenBot Mixly 2.0 库”中的库文件 OpenBot.xml，如图 2.9 所示。

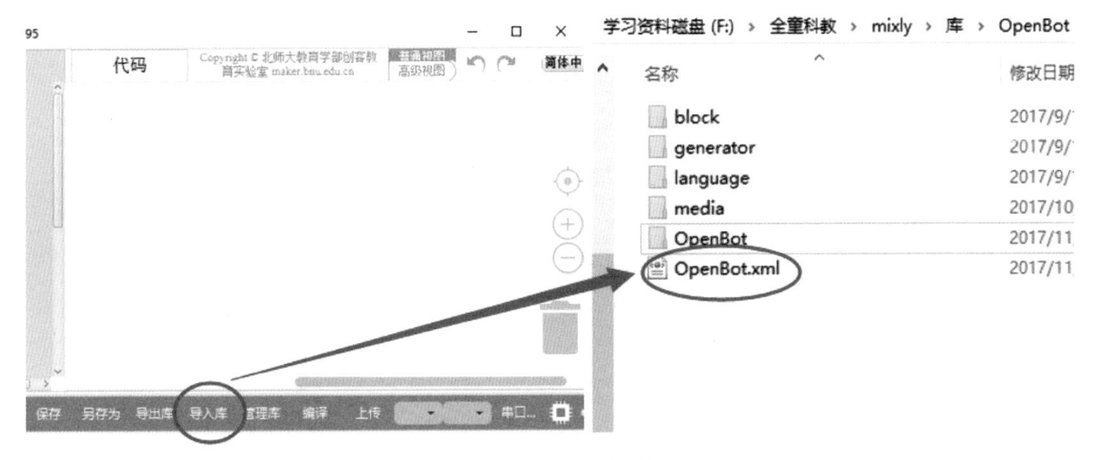

图 2.9 导入库操作

单击“确定”按钮后会看到提示区显示：导入自定义库成功！

此时在 Mixly 界面的模块区会有 OpenBot。连接机器人，然后在菜单栏中选择芯片型号“Arduino Pro or Pro Mini[16MHzatmega328]”，串口选择前面图 2.6 所示操作时对应的串口，如图 2.10 所示。串口会根据当前计算机自动分配，需要注意连接机器人时计算机分配的串口。

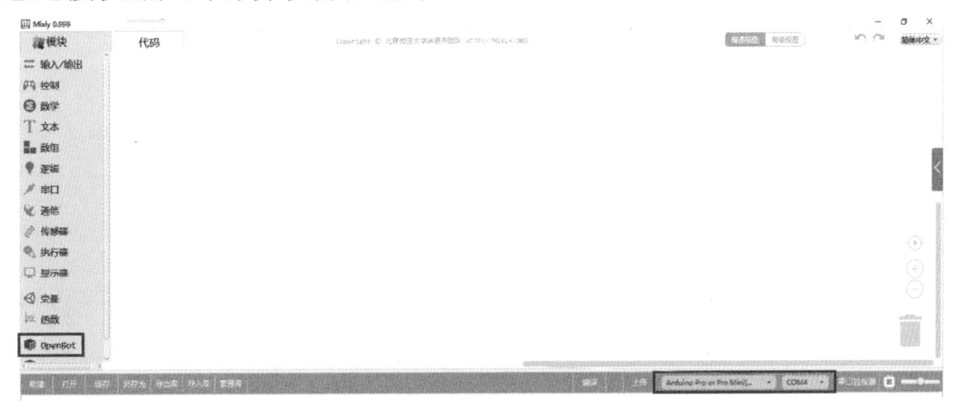

图 2.10 选择机器人对应的芯片型号和串口

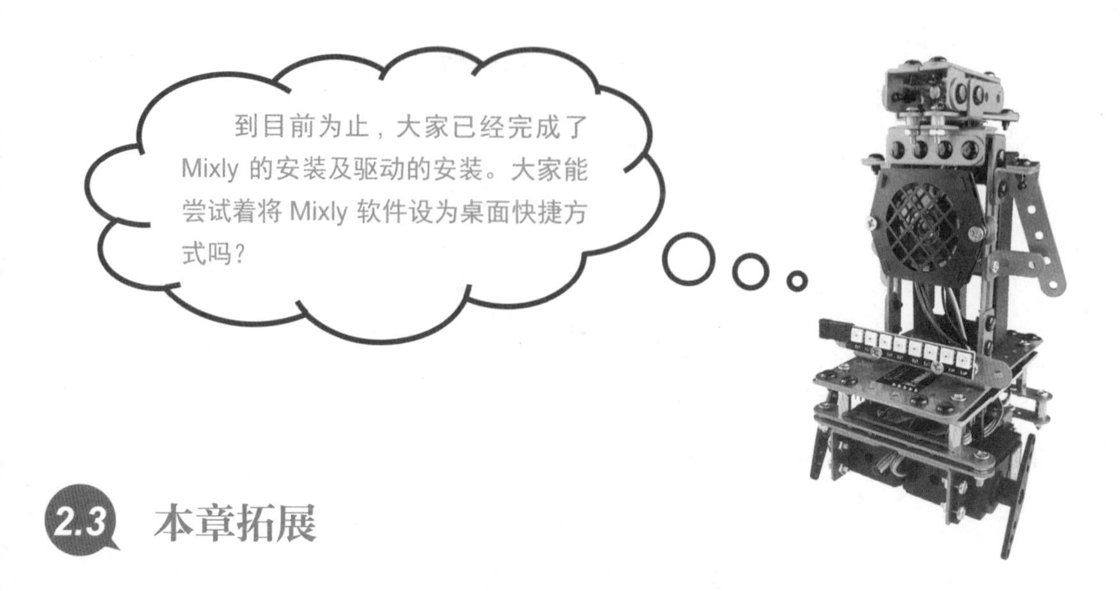

2.3 本章拓展

为了方便以后打开 Mixly 软件，我们可以把 Mixly 设为桌面快捷方式。

首先打开 Mixly0.998_WIN(7.9) 文件夹，如图 2.11 所示，选择 Mixly.exe 文件，单击鼠标右键，在弹出的快捷菜单中选择“发送到”→“桌面快捷方式”选项，就会发现桌面上有一个 Mixly 软件的快捷方式啦。

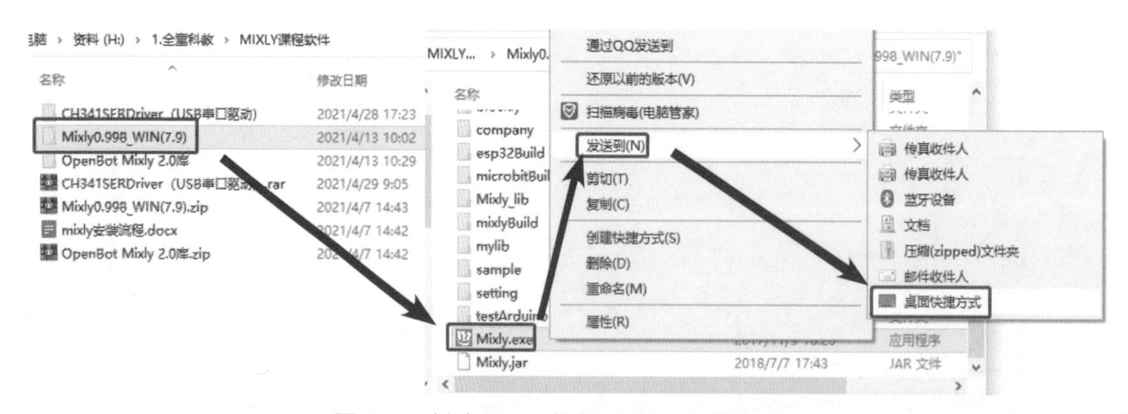

图 2.11 创建 Mixly 软件的桌面快捷方式

第3章 机器人交通指挥

3.1 用 Mixly 点亮一个 LED 小灯

还记得机器人大脑上的3个LED小灯吗？

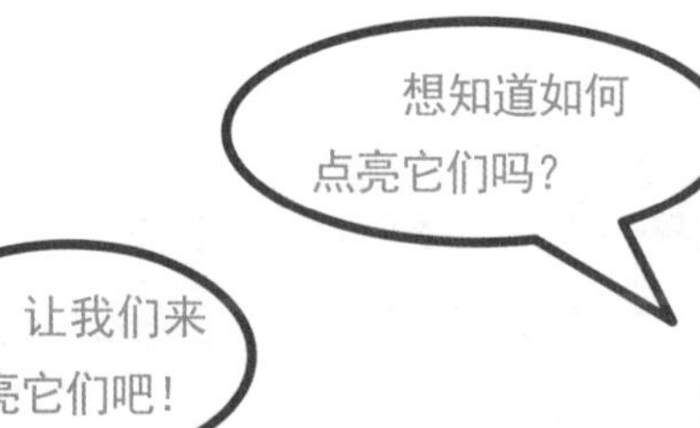

点亮 LED 小灯的原理

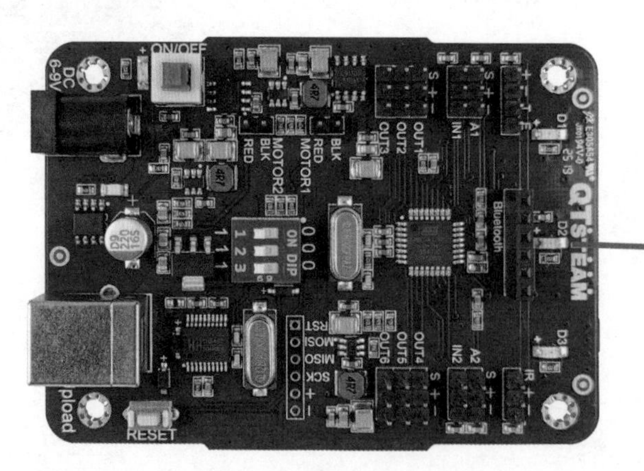

LED小灯

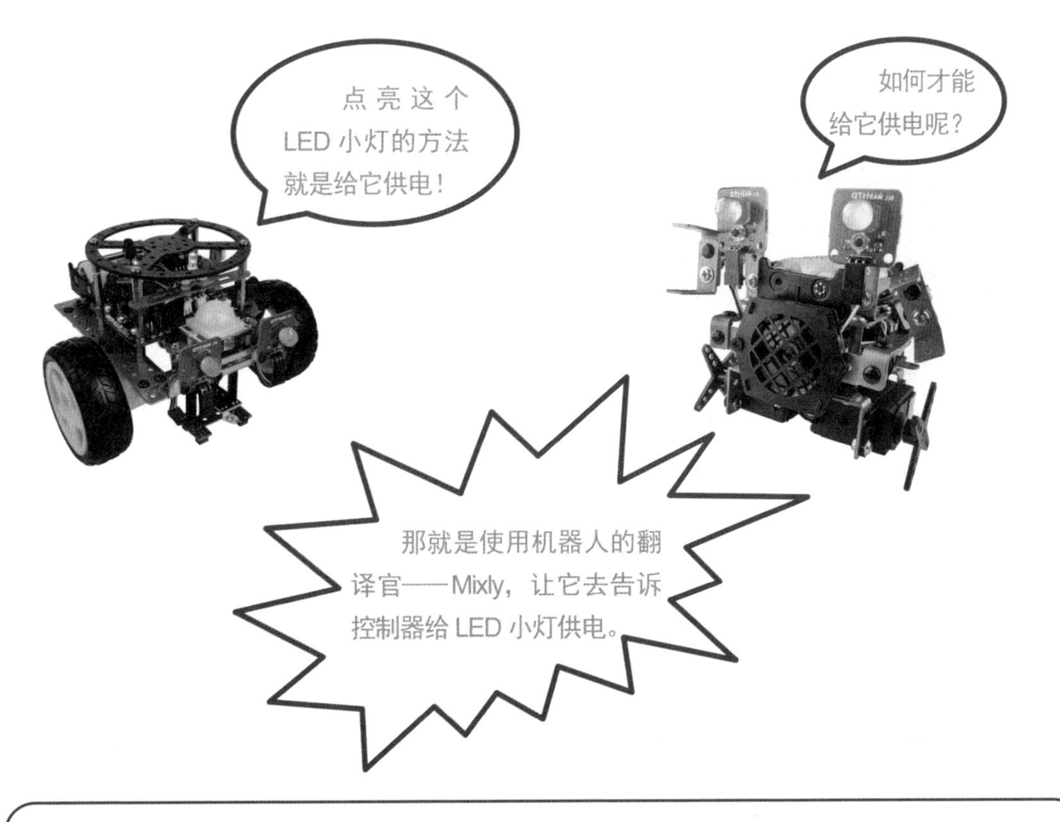

原理：

人类通过神经来控制四肢，同样地，机器人也是通过它们的神经来控制模块的，而机器人的神经就是电路。机器人的大脑上有很多引脚，它可以通过这些引脚与各个模块相连接，这样，机器人就能像人通过神经控制四肢一样去控制这些模块了。要让机器人控制器上的LED小灯亮起来，就需要给LED小灯供电。要告诉机器人大脑给LED小灯供电，就需要先告诉机器人的翻译官——Mixly，让Mixly传达我们的信息给机器人的大脑。所以，我们要想点亮这个LED小灯就需要先打开Mixly，在Mixly里编好程序以后再上传给机器人的大脑，这样就能完成点亮LED小灯这个操作啦！

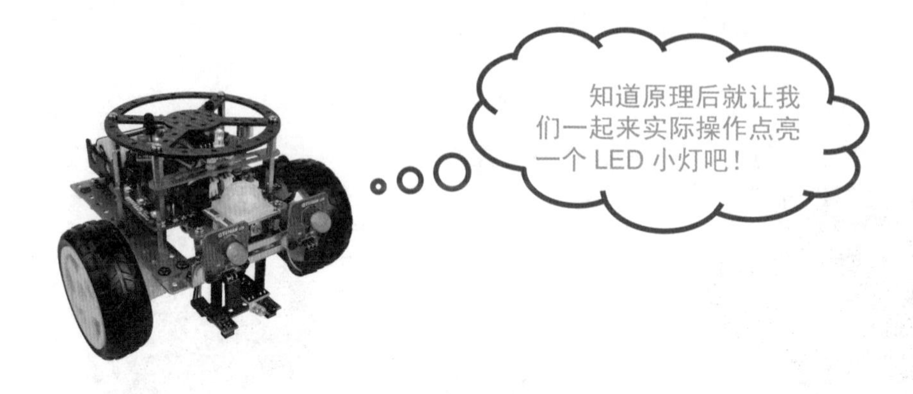

请回忆一下上一章安装Mixly的过程，并打开Mixly软件。

❶ 单击“模块”按钮，如图3.1所示，找到OpenBot模块。由图3.2可以看出，OpenBot模块里面有各种各样的语句，这些语句可以控制机器人的传感器，利用多条语句可以搭建控制机器人完成各种动作的函数，而这些函数就组成了完整的机器人程序。

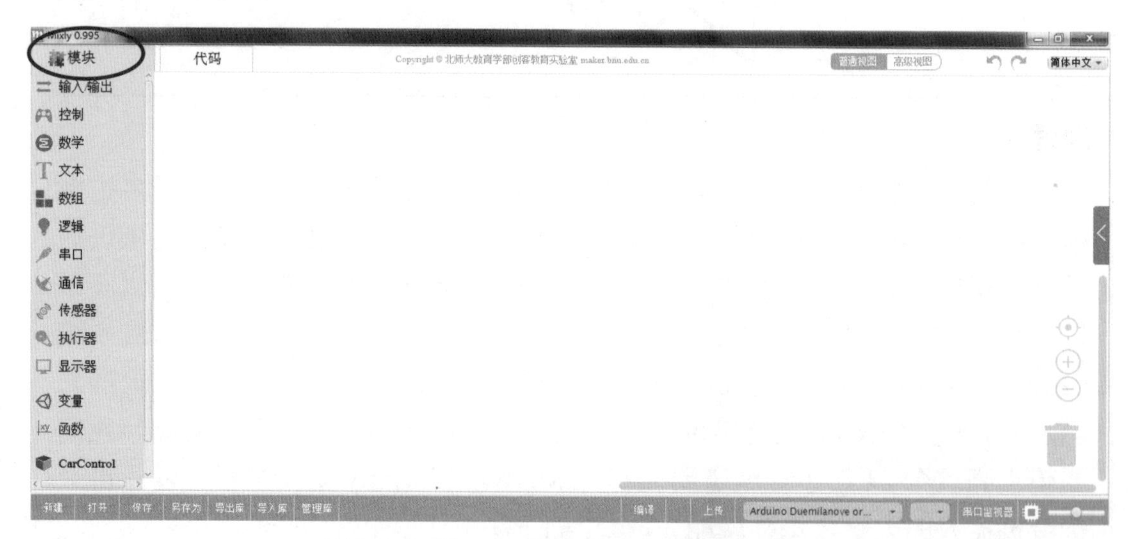

图3.1 打开Mixly软件并单击“模块”按钮

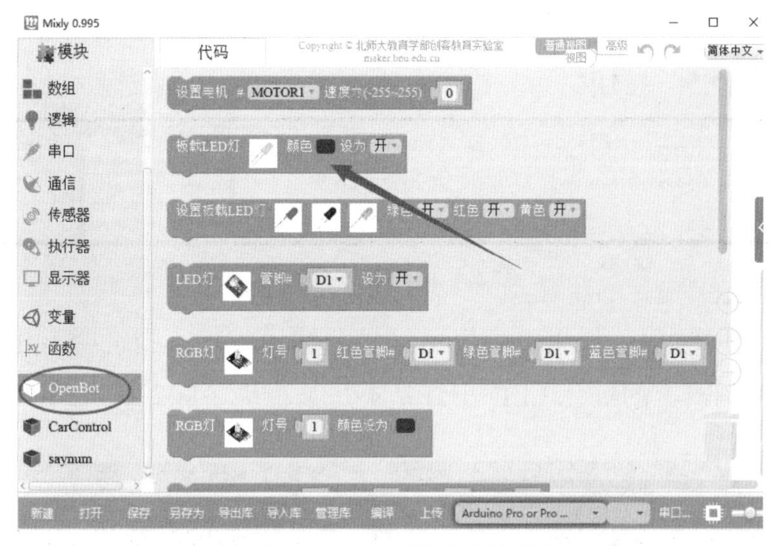

图 3.2 OpenBot 模块中的语句

❷ 找到控制 LED 小灯点亮的语句，如图 3.2 红色箭头所示，单击鼠标左键，按住该语句不放，将它拖动到程序编译区，如图 3.3 所示。在该条语句上更改颜色就可以点亮对应的 LED 小灯了。当将 LED 小灯设为关时，可以关闭该小灯。

图 3.3 控制 LED 小灯点亮的语句

❸ 按图 3.4 所示先选择芯片 Arduino Pro or Pro Mini[16MHzatmega 328]，选好后再单击“上传”按钮。

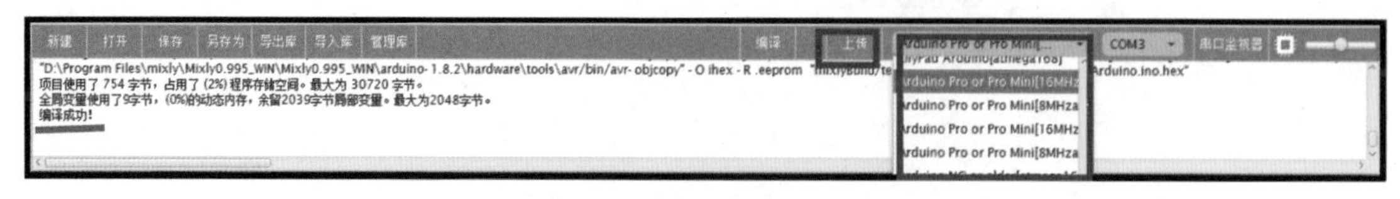

图 3.4 选择芯片及上传

❹ 等待一段时间，如果看到提示区显示编译成功，则说明上传成功了。快看看机器人控制器上的红色 LED 小灯是不是被点亮了呢？

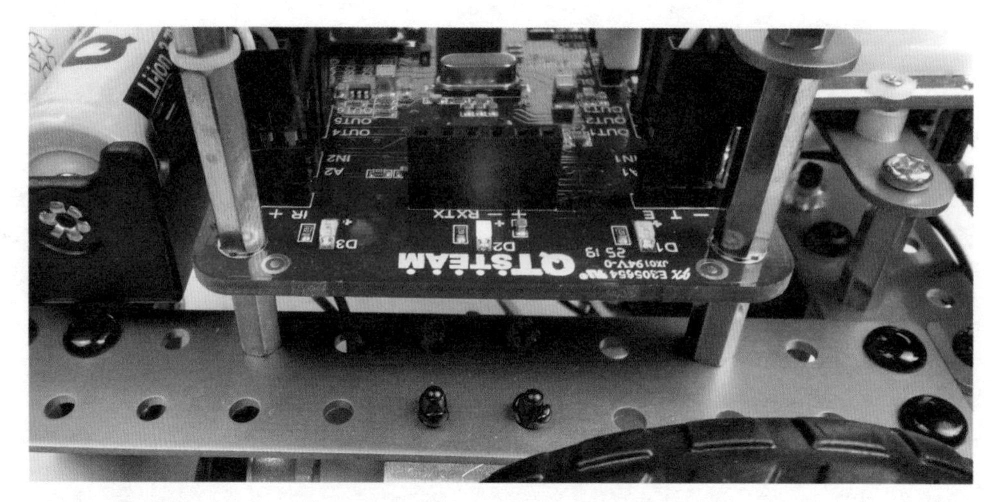

图 3.5 点亮红色 LED 小灯效果图

想一想如何点亮另外两个LED小灯？

我们与机器人通过图形化编程进行交流。机器人能够理解和执行语句，这就是人工智能的第一个层次。

3.2 实现交通灯功能

大家还记得交通灯的规则吗？

1. 点亮绿灯，6秒后熄灭
2. 点亮黄灯，2秒后熄灭
3. 点亮红灯，6秒后熄灭

要实现交通灯的功能，是不是需要点亮 LED 小灯和熄灭 LED 小灯呢？通过第 3.1 小节的学习，我们已经学会了如何点亮 LED 小灯和熄灭 LED 小灯。大家想一想，要实现交通灯功能我们还需要学习什么语句呢？

没错，那就是延时语句！

在 Mixly 软件界面单击“控制”按钮，找到“延时毫秒 1000”语句，单击该语句，它会被自动放入程序编译区，如图 3.6 所示。让我们来认识一下这条语句吧。

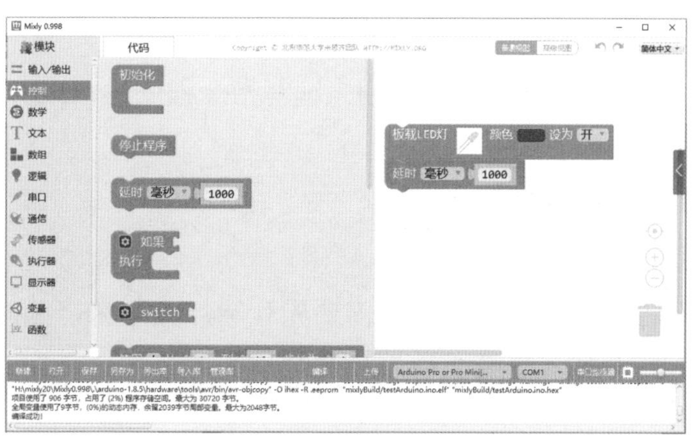

图 3.6 找到和放入延时语句

1、认识延时语句

延时语句就如同你在家里用电脑看电视剧或者动漫的时候，按下了“暂停”按钮，画面就定在那里了。机器人也是一样的，如果你让它延时一段时间，那么它就会在延时的时候什么也不做，并且保持延时之前的动作。比如在延时之前，机器人点亮了一个LED小灯，那么在延时等待的这段时间里，机器人会保持亮灯状态，并且不会做其他的动作。

在延时语句中的“延时”两个字后面，是可供选择的延时时间的单位，可以选择毫秒或微秒，大家要记住微秒、毫秒和秒的换算关系。

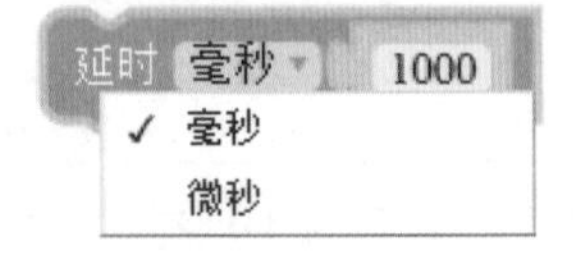

如何利用已经学习的3条指令来实现交通灯功能呢?

2、思考

我们是不是需要按照交通灯的规则来编写指令程序呢？

❶ 点亮绿灯，6秒后熄灭；

❷ 点亮黄灯，2秒后熄灭；

❸ 点亮红灯，6秒后熄灭 。

按照上述交通灯变化规则，我们需要先让绿灯亮起来，延时6秒，之后让绿灯熄灭并让黄灯点亮，延时2秒后让黄灯熄灭并让红灯亮起，接着延时6秒后让红灯熄灭。

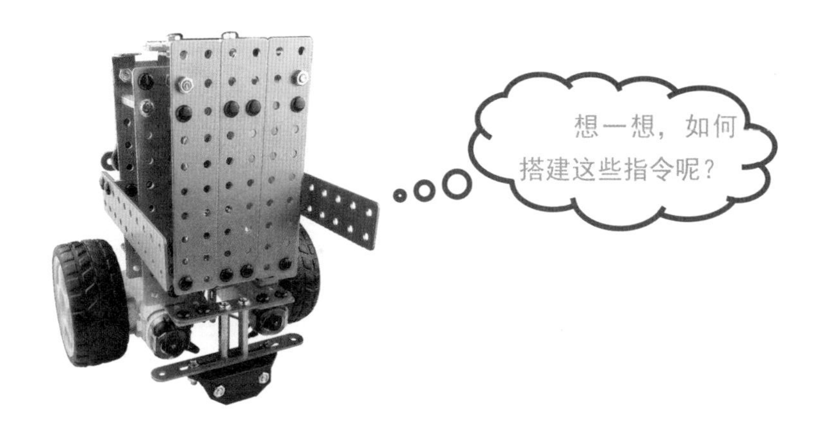

3、程序

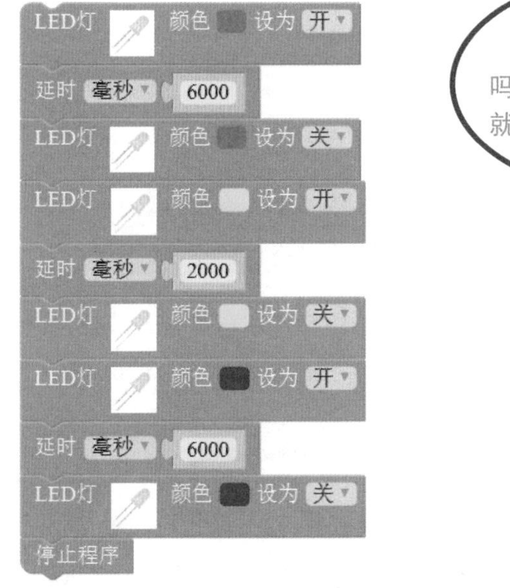

4、观察

观察机器人控制器上的 LED 小灯有没有按照交通灯的规则亮和灭呢？

3.3 本章拓展

有没有发现，在 OpenBot 模块里有可以控制 3 个 LED 小灯的语句，如图 3.7 所示。

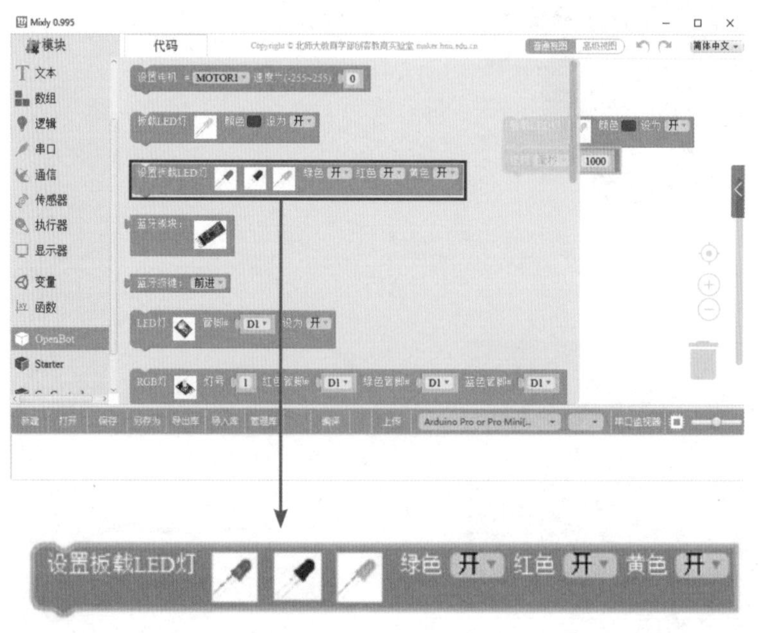

图 3.7 控制 3 个 LED 小灯的语句

这条语句可以同时控制机器人控制器上的 3 个 LED 小灯的亮和灭。

1、程序

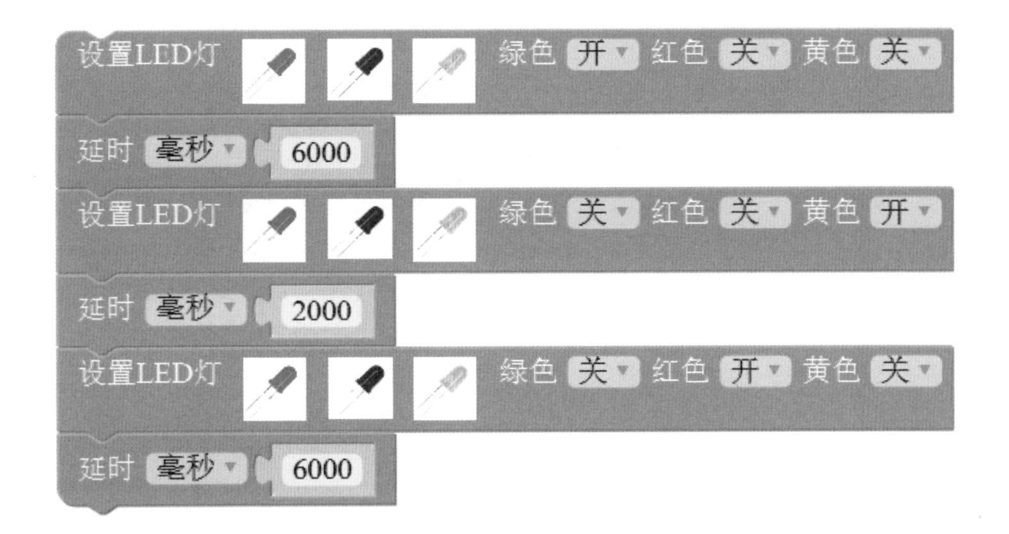

2、思考

上述两种编程方法有什么相同点和不同点呢？

第4章 机器人的听觉

听觉是声音通过耳朵传输给大脑所引起的感觉。不止人类有听觉，机器人也有听觉，让我们一起来学习神奇的听觉吧！

4.1 认识人类的听觉

教学视频

演示视频

在大自然里面，除了次声波和超声波，其他大多数声音都能被我们的耳朵听见。如图 4.1 ～图 4.4 所示，我们能听到小溪的流水声、妈妈的呼唤、鸟儿的歌唱，还有动听的音乐；我们能辨别是什么声音，是高音还是低音，声音有多响，也就是声音的三要素——音色、音调、响度；这些都是我们的听觉所能感知的。是不是觉得人的听觉很厉害？

图 4.1 小溪的流水声

图 4.2 妈妈的呼唤

图 4.3 鸟儿的歌唱

图 4.4 动听的音乐

4.2 认识机器人的听觉

答案是有的，但是机器人的听觉并没有人的听觉那么厉害，我们先来认识一下机器人都有哪些听觉，如图 4.5 所示。

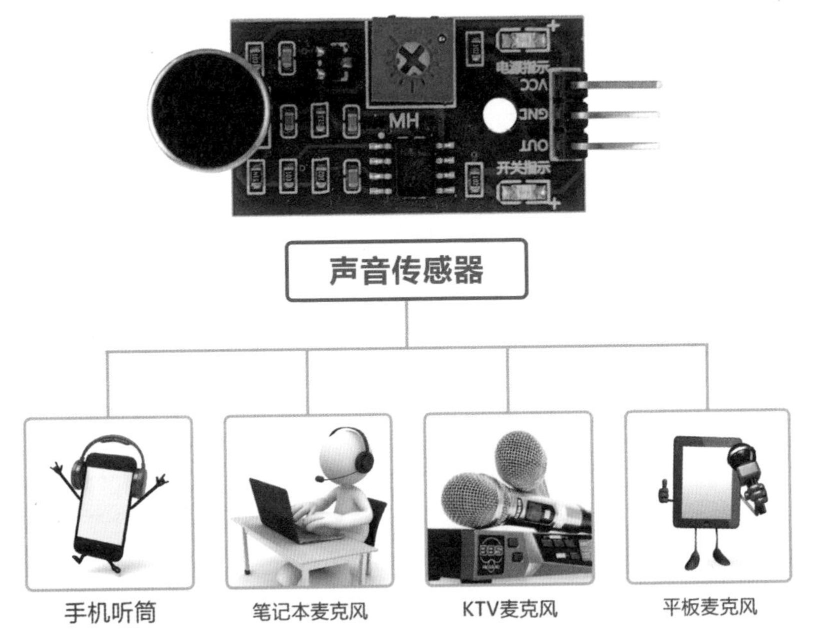

图 4.5 机器人的听觉

手机打电话所用的听筒、笔记本麦克风、KTV 麦克风、平板麦克风等，这些都是机器人的听觉，它们都能听到声音。

下面我们来介绍一下声音传感器，如图 4.6 所示。

图 4.6 声音传感器

原理：

声音传感器的听觉并没有人的听觉那么厉害，声音传感器不能像人一样可以区分声音的音调和音色，它只能分辨声音的有无。

如图 4.6 所示，声音传感器有 3 个引脚，VCC 代表正极，GND 代表负极，OUT 代表输出口。当声音传感器检测到声音时，OUT 引脚会输出一个低电平“0”；当声音传感器没有检测到声音时，OUT 引脚会输出一个高电平“1”。其工作原理如图 4.7 所示。

图 4.7 声音传感器的工作原理

4.3 机器人听觉的规则设计

我们机器人有听觉，机器人听觉信息的获取方式是：

（1）当传感器检测到声音时，OUT 引脚会输出一个低电平“0”；

（2）当传感器没有检测到声音时，OUT 引脚会输出一个高电平“1”。

如果机器人在听到声音之后就没有动作了，就像是你对我讲话，但是我没有做出任何反应，那你就不知道我到底是听到了还是没听到，所以我们需要给机器人设计一个规则，让它在听到声音后有所反应。

我们给机器人听觉设计实现灯的开关规则。

首先判断是否有声音：

（1）如果有声音，打开左、右 LED 小灯，等待 5 秒，关闭左、右 LED 小灯；

（2）如果没有声音，不做出任何反应。

4.4 电路连接

准备安装组件（如图 4.8 所示）：机器人控制器、声音传感器、两个 LED 小灯和 Mixly 编程软件。

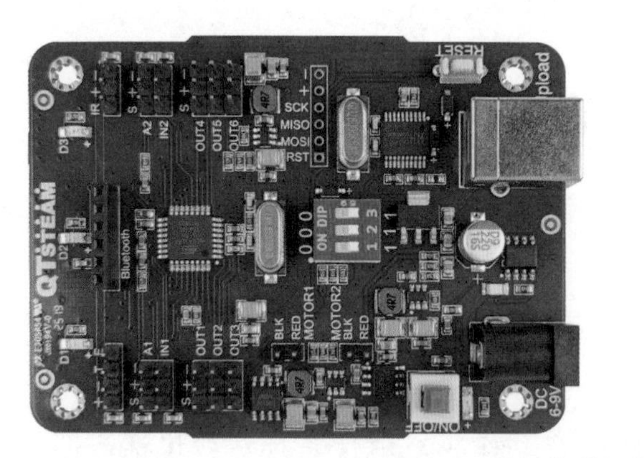

图 4.8 准备安装组件

具体的电路连接如图 4.9 所示。

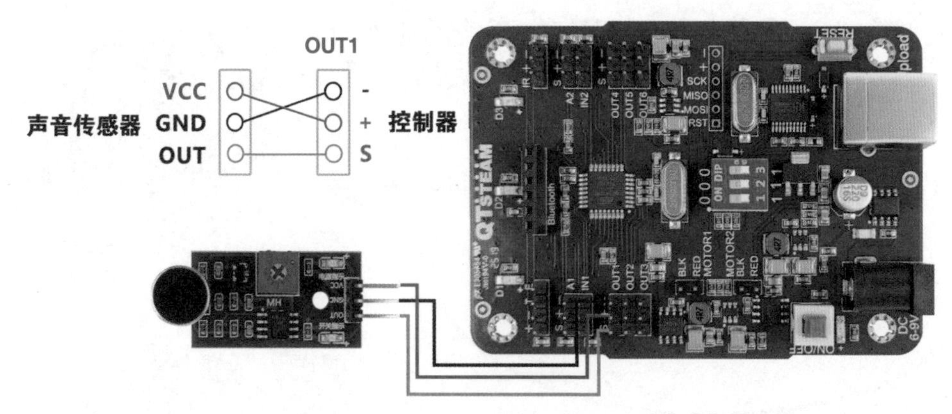

图 4.9 机器人听觉的电路连接

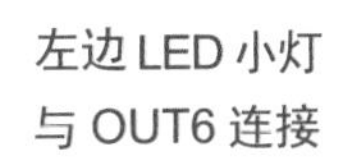

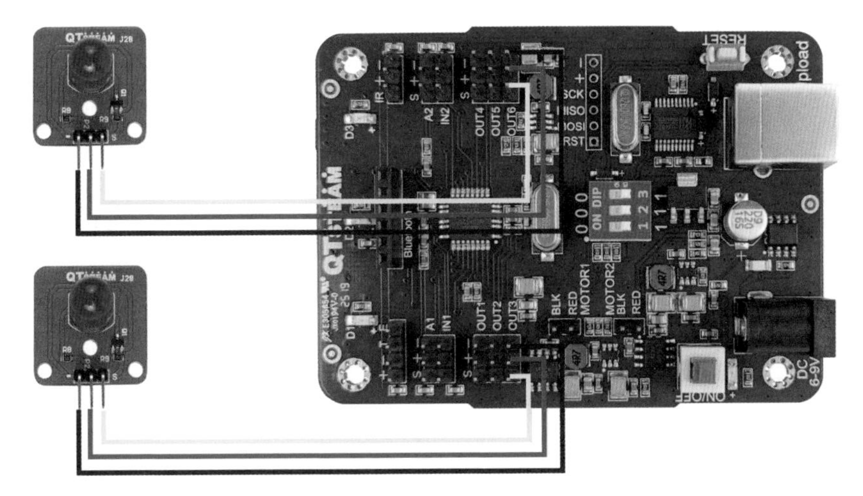

图 4.9 机器人听觉的电路连接（续）

4.5 程序设计

1、我们来学习一条新的语句：声音传感器语句

如图 4.10 所示，在模块区的 OpenBot 里面，找到声音传感器语句。

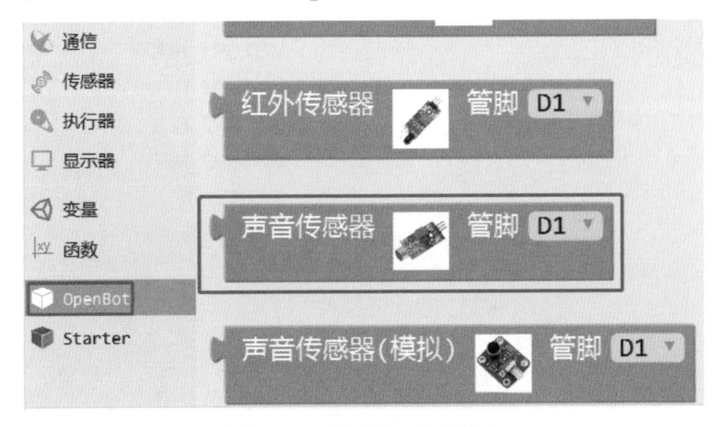

图 4.10 声音传感器语句

当声音传感器检测到声音时，会输出一个“0”（低电平）；当声音传感器没有检测到声音时，会输出一个“1”（高电平）。由于设计时声音传感器是与控制器的 OUT1 连接的，所以程序的引脚处要与控制器对应，单击“引脚①”后面的“▼”选择“OUT1”，如图 4.11 所示，这样声音传感器语句就设置好了。

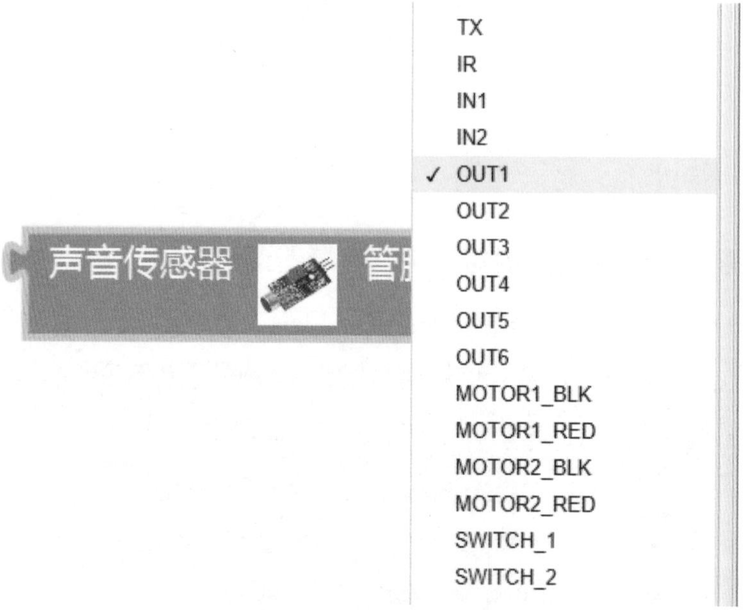

图 4.11 声音传感器引脚选择

①软件图中“管脚”的正确写法应为“引脚”。

2、我们来学习另一条新语句：表达式语句

在模块区的逻辑里面找到第一条语句，如图 4.12（a）所示，单击“=”后面的“▼”可以选择“=”“≠”“＜”“≤”“＞”“≥”等逻辑运算符，如图 4.12（b）所示。

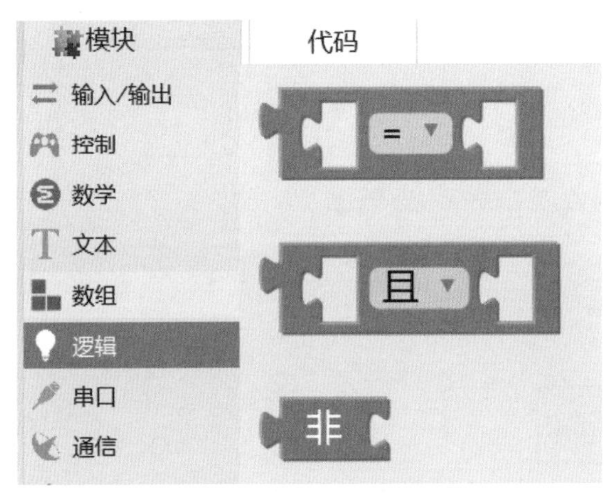

（a）第一条表达式语句

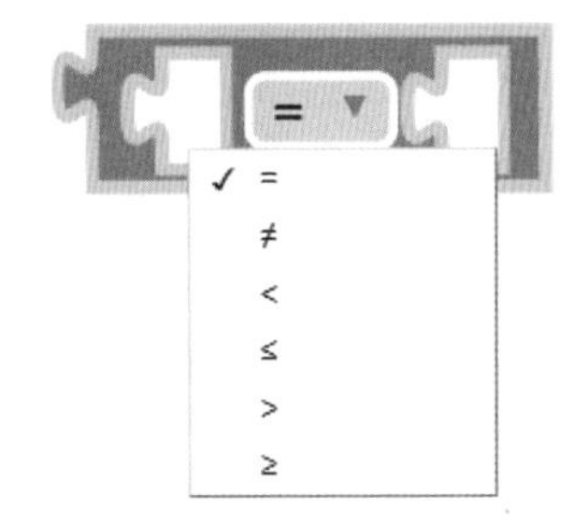

（b）逻辑运算符

图 4.12 表达式语句

这条语句就是一个表达式，相当于“7＞6”这样的式子。注意，表达式有两种情况，“7＞6”这样的表达式是成立的表达式；而“7=6”这样的表达式是不成立的表达式。

3、我们来复习一条语句：LED 灯语句

在模块区的 OpenBot 里面找到第七条语句（LED 灯语句），如图 4.13 所示。

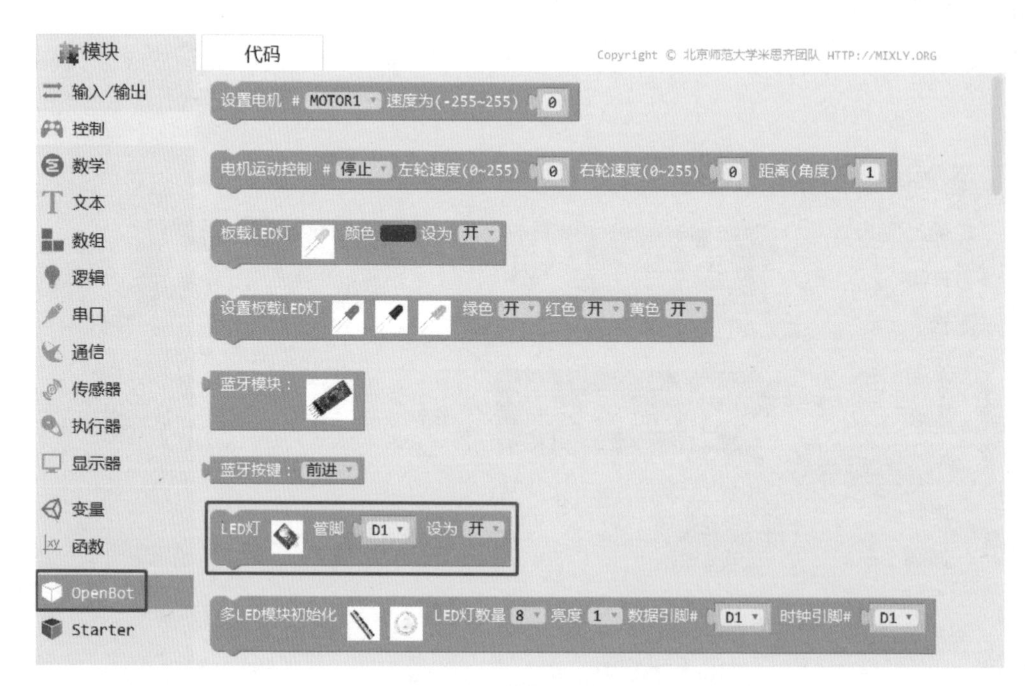

图 4.13 LED 灯语句

这条语句可以控制 LED 小灯与哪个引脚相连，通过控制控制器就可以打开和关闭小灯了。因为设计时左边的 LED 小灯与控制器的 OUT6 连接，右边的 LED 小灯与控制器的 OUT2 连接，所以需要两条 LED 灯语句，分别把语句的引脚与控制器对应，单击“引脚”后面的“▼”选择“OUT2”和“OUT6”，如图 4.14 所示。

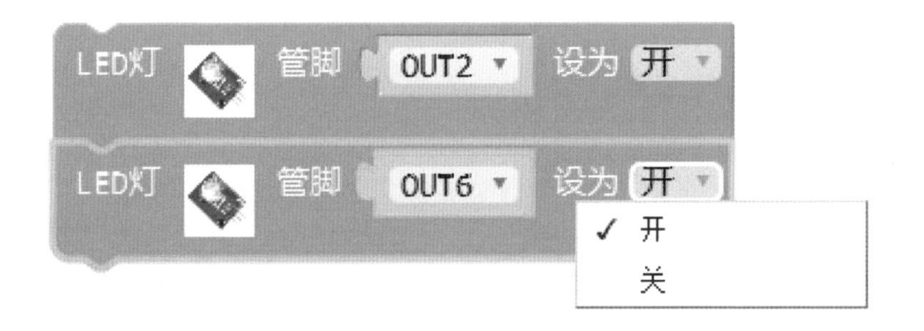

图 4.14 引脚和开关设置

再单击“设为”后面的“▼”选择“开”或“关”，就可以打开或关闭 LED 小灯了，这样我们的 LED 灯程序就编好了。

4、我们再来学习一条新语句：“如果……执行……”语句

在模块区的控制里面找到“如果……执行……”语句，如图 4.15 所示。

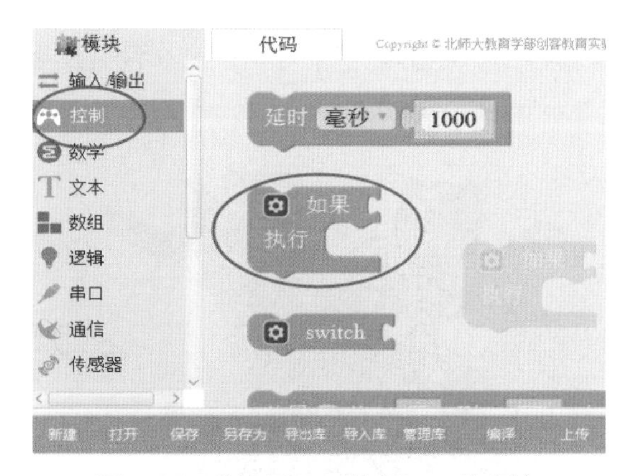

图 4.15 “如果……执行……”语句

本节我们学习了表达式，但其实机器人是不能直接判断表达式是否成立的，所以我们要用其他的程序来判断表达式是否成立。

用什么来判断表达式是否成立呢？

我们要用“如果……执行……”语句来完成规则的编程。“如果……执行……”语句的意思是，它首先判断如果后面的表达式是否成立，如果成立就执行模块里面的语句，如果不成立就跳过这条语句。就像是“如果明天不下雨，我们就去郊游。”这里判断的是明天下不下雨，执行的是去郊游。判断结果如果是“不下雨”，满足条件，则执行“去郊游”的动作；判断结果如果是“下雨”，不满足条件，则不执行“去郊游”的动作。

到这里我们就学习完新程序了，下面就可以根据我们的规则来设计程序了。

根据声音传感器的检测情况设计逻辑表达式，表达式有左边和右边，需要 3 个程序块，如图 4.16 所示。

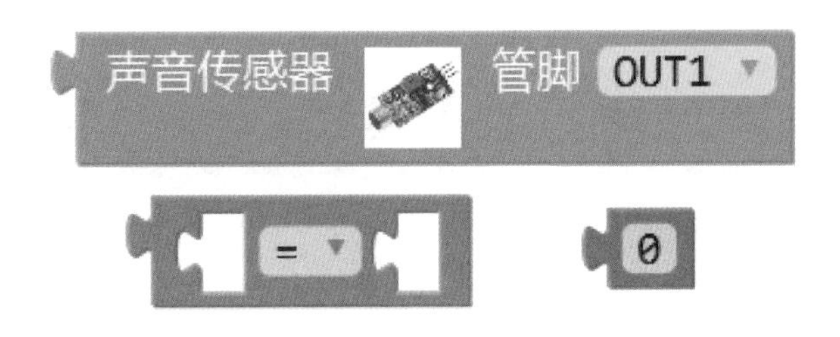

图 4.16 设计表达式所需程序块

当声音传感器检测到声音时，OUT1 会输出一个低电平“0”；当声音传感器没有检测到声音时，OUT1 会输出一个高电平“1”，所以我们令声音传感器检测的结果等于 0，如图 4.17 所示。

图 4.17 声音传感器逻辑表达式

当声音传感器检测到声音时，相当于“0=0”，大家看是不是等式就成立了。

计算机没有人那么厉害，不能像人一样立马就能判断出等式是否成立，它需要“如果……执行……”程序来判断表达式是否成立，如图 4.18 所示。

图 4.18 判断表达式是否成立

根据之前设计的规则，我们要点亮左、右 LED 小灯，5 秒后关闭 LED 小灯，如图 4.19 所示。

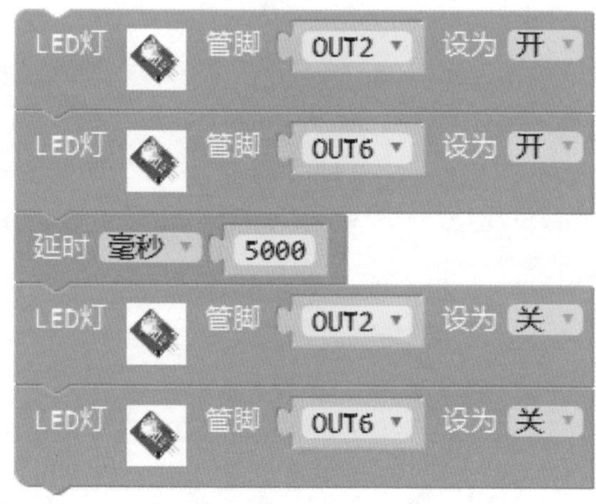

图 4.19 执行的动作

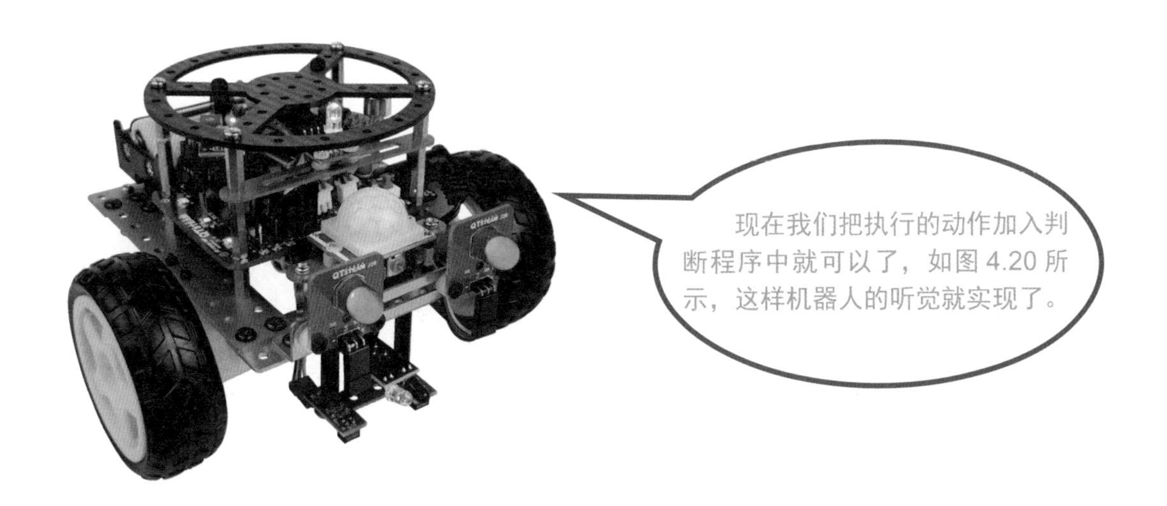

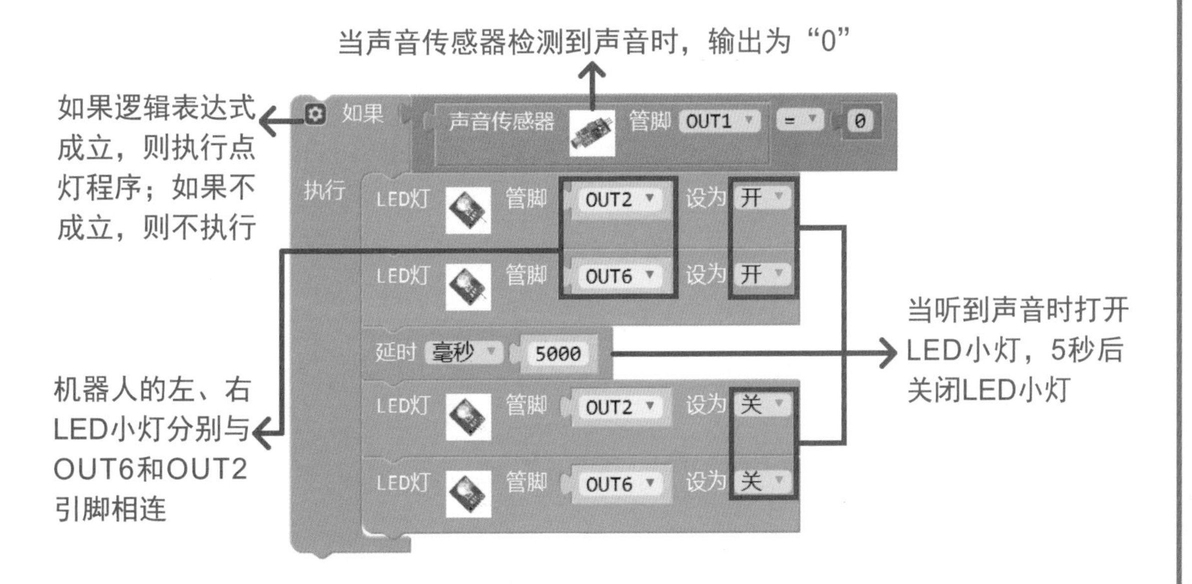

图 4.20 机器人的听觉程序

4.6 本章拓展

利用声音传感器判断是否有声音：

（1）如果有声音，左、右 LED 小灯闪烁 3 次，每次间隔时间为 0.5 秒；

（2）如果没有声音，关闭左、右 LED 小灯。

第5章 机器人的视觉

视觉是人将通过眼睛所看到的东西传输给大脑所引起的感受和辨别。通过视觉，人和动物感知外界事物的大小、明暗、颜色、动静和形状，获得对机体生存具有重要意义的各种信息，至少有80%以上的外界信息是经视觉获得的。视觉是人和动物最重要的感觉之一。

不止人类和动物有视觉，机器人也有视觉，本章就让我们来了解和学习简单的机器人视觉吧！

5.1 认识人类的视觉

人类通过视觉可以分辨事物的大小、明暗、颜色、动静和形状（如图5.1所示），根据这些信息可以得知小伙伴在哪里，知道大家都在玩什么，这个玩具是什么颜色的，以及分辨白天和黑夜等。

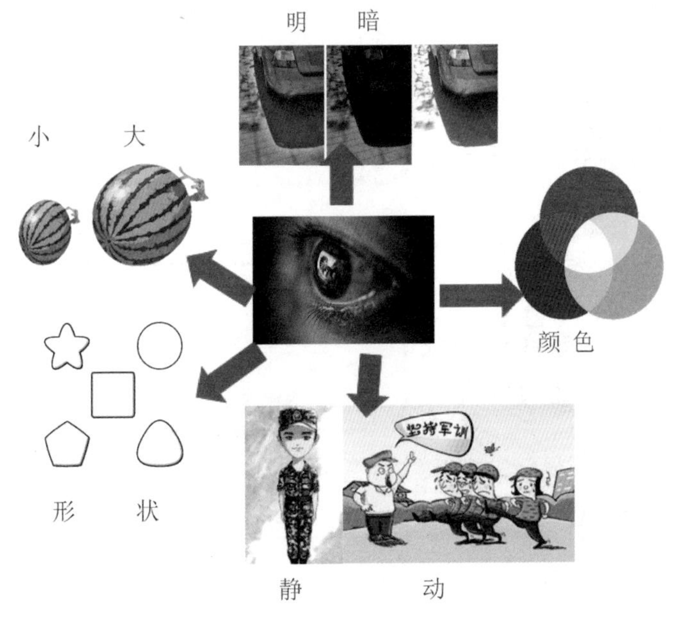

图5.1 人类的视觉

我们的眼睛很厉害，也很重要，所以我们要保护好眼睛。那么，如何保护眼睛呢？

5.2 认识机器人的视觉

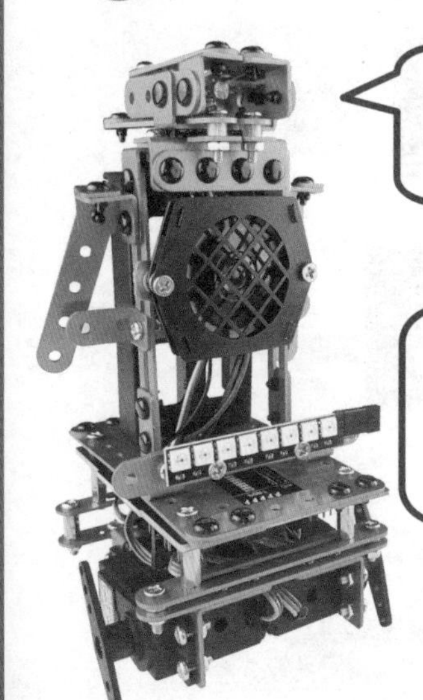

人类的视觉很厉害，可以看到很多东西，那么机器人有视觉吗？

当然有，机器人也有视觉，而且还不止一种，让我们来看看现在的机器人有什么样的视觉吧。

如图 5.2 所示给出了不同种类的机器人视觉。

颜色传感器：它能分辨物体的颜色；

QTI 传感器：与颜色传感器类似，但是没有颜色传感器那么厉害，它只能分辨黑色；

摄像头：能看清楚大多数信息；

光敏传感器：能分辨是否有光。

这些都是机器人的视觉，除此之外，还有很多其他类型的视觉，如测距模块等。

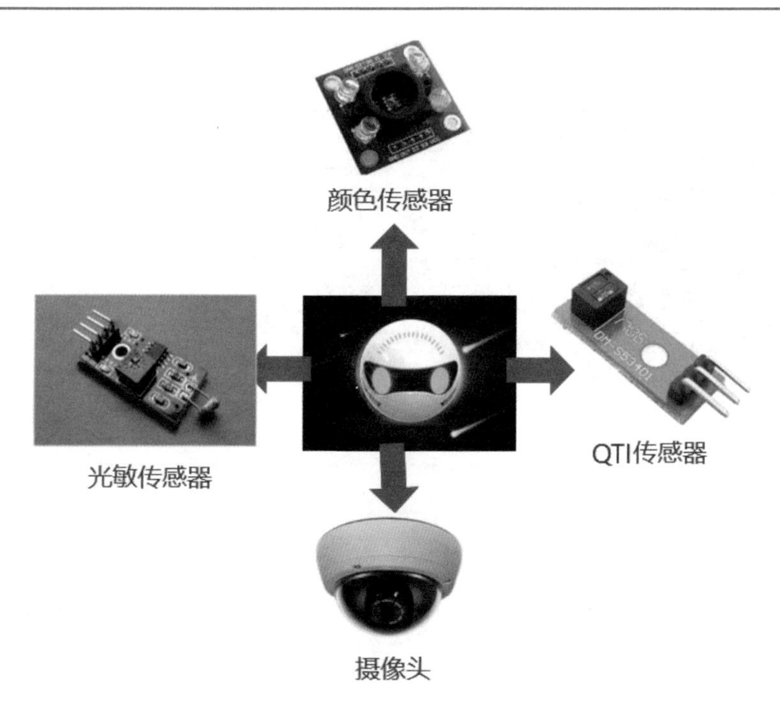

图 5.2 机器人视觉的种类

如图 5.3 所示为光敏传感器，它不能像人一样分辨事物的大小、形状、颜色和动静，它只看得见光，只能分辨光的强度，分辨白天和黑夜。

图 5.3 光敏传感器

原理：

光敏传感器有 3 个引脚，VCC 代表正极，GND 代表负极，DO 代表数字输出端口。当光敏传感器检测到光时，DO 引脚会输出一个低电平“0”；当光敏传感器没有检测到光时，DO 引脚会输出一个高电平“1”。

光敏传感器的工作原理如图 5.4 所示。

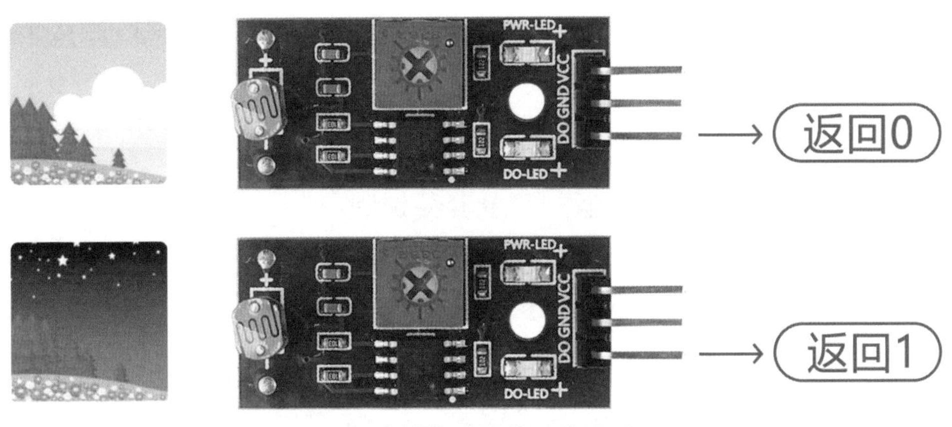

图 5.4 光敏传感器的工作原理

5.3 机器人视觉的规则设计

机器人视觉信息的获取方式为：

（1）当光敏传感器检测到有光时，会输出一个低电平“0”；

（2）当光敏传感器没有检测到光时，会输出一个高电平“1”。

如果机器人在检测到光以后不做出任何动作，那么我们就无法判断机器人是否检测到了光，所以我们需要给机器人设计一个规则，让它在检测到光之后有个动作来回应。

我们根据机器人视觉信息设计灯的开关规则：

首先获取机器人视觉信息：
(1) 如果有光，关闭左、右LED灯；
(2) 如果没有光，打开左、右LED灯。

5.4 电路连接

准备安装组件（如图 5.5 所示）：机器人控制器、光敏传感器、两个 LED 小灯和 Mixly 编程软件。

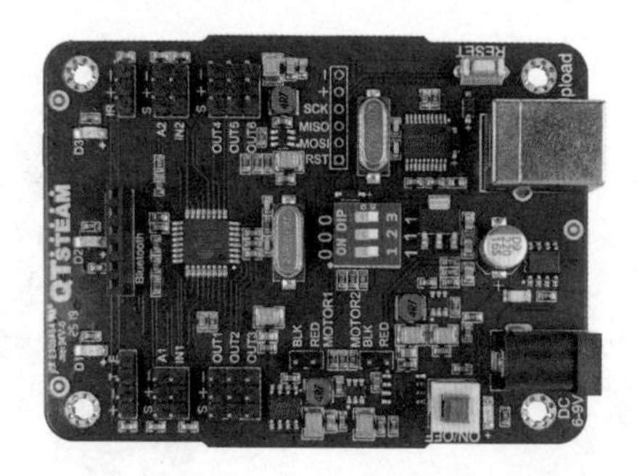

图 5.5 准备安装组件

具体的电路连接如图 5.6 所示。

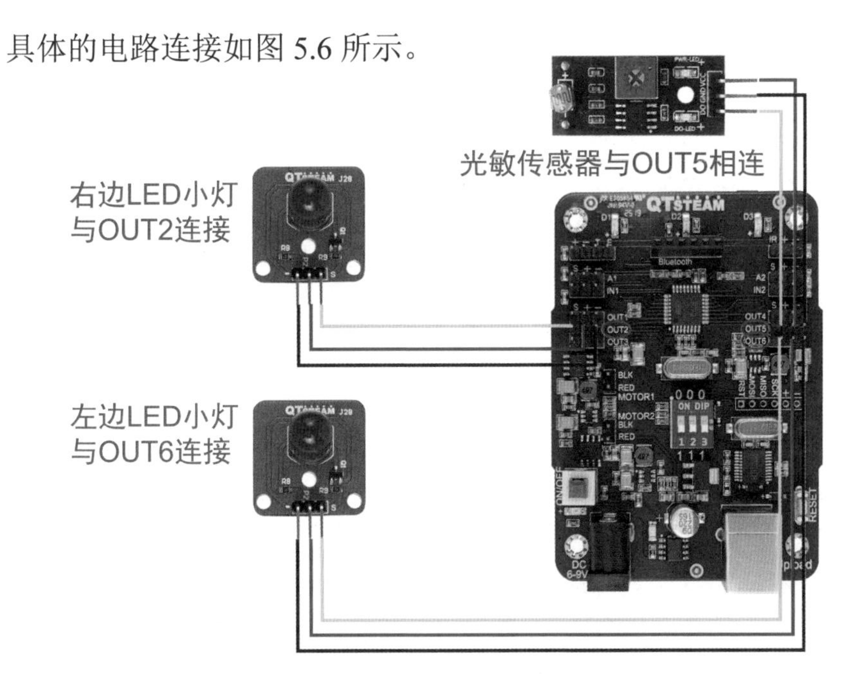

图 5.6 机器人视觉的电路连接

5.5 程序设计

1、我们来学习一条新语句：光敏传感器语句

如图 5.7 所示，在模块区的 OpenBot 里面找到光敏传感器语句。

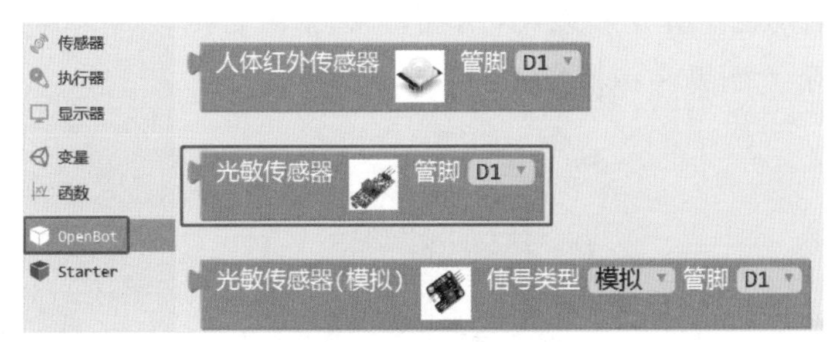

图 5.7 光敏传感器语句

当光敏传感器检测到有光时，会输出一个“0”（低电平）；当光敏传感器没有检测到光时，会输出一个“1”（高电平）。

由于设计时光敏传感器是与控制器的 OUT5 连接的，所以程序的引脚处要与控制器对应，单击“引脚”后面的“▼”选择“OUT5”，如图 5.8 所示，这样光敏传感器语句就设置好了。

图 5.8 光敏传感器引脚选择

2、我们来学习另一条新语句：“如果……否则……”语句

其实这条语句也不算是新语句，我们一起来看看吧！

大家还记得“如果……执行……”语句吗？

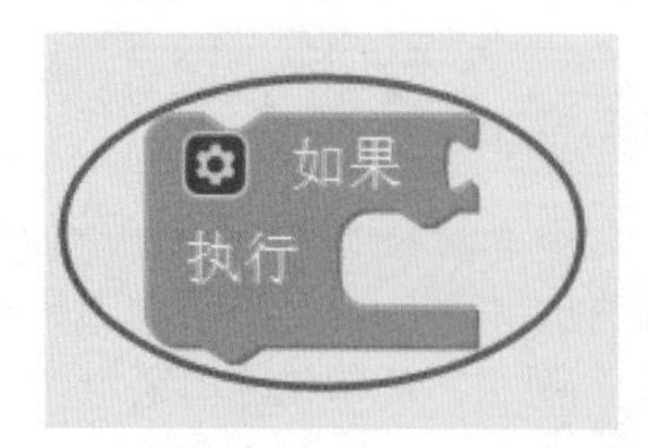

没错，就是从模块区的控制里面找到的“如果……执行……”语句。它被用来判断一个条件是否符合，如果符合，就执行模块里面的语句；如果不符合，就跳过该条语句。

其实，我们并没有学完“如果……执行……”语句。如图 5.9（a）所示，单击“如果”前面蓝色的小螺帽，此时会跳出“否则”和“否则如果”两条语句，“否则”的意思是：如果后面的表达式成立，就执行如果里面的语句；如果后面的表达式不成立，就执行否则里面的程序。“否则如果”的意思是：如果后面的表达式成立，就执行如果里面的程序；如果后面的表达式不成立，就判断另一个表达式是否成立。

这里我们选择“否则”，如图 5.9（b）所示，将“否则”用鼠标拖到“如果”里面，再单击蓝色小螺帽完成程序。

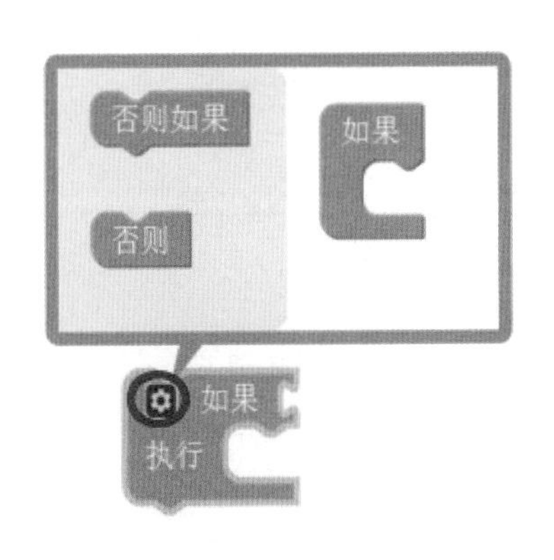

（a）调出“否则”和“否则如果”语句

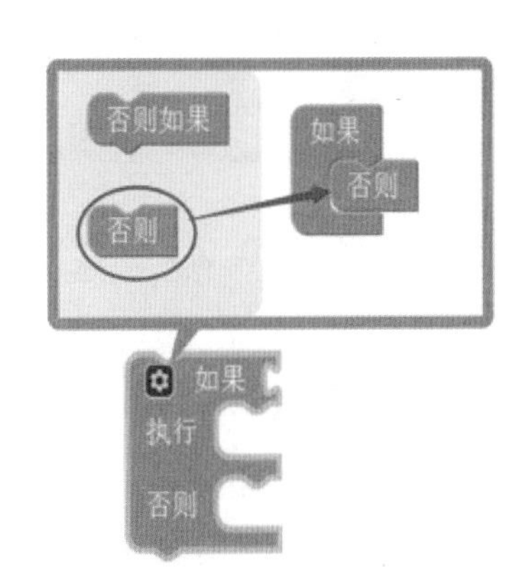

（b）搭建“如果……否则……”语句

图 5.9 “如果……执行……”语句的拓展

首先设计光敏传感器逻辑表达式语句，它由逻辑关系语句、光敏传感器语句和数字这 3 部分组成，如图 5.10 所示。

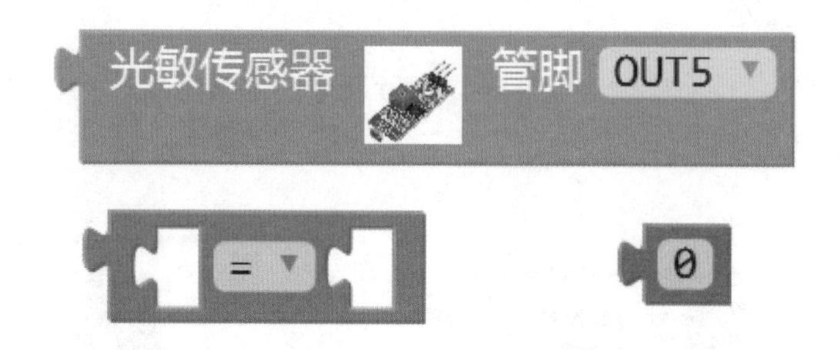

图 5.10 设计光敏传感器逻辑表达式所需程序块

注意观察引脚是否选择为 OUT5，当光敏传感器检测到有光时，DO 会输出一个低电平“0”；当光敏传感器没有检测到光时，DO 会输出一个高电平“1”。按照规则，当光敏传感器检测为黑夜时，也就是没有光时应打开左、右 LED 小灯，所以我们要令光敏传感器检测的结果等于“1”，如图 5.11 所示。当没有检测到光时，相当于“1=1”，等式就成立了。

图 5.11 光敏传感器逻辑表达式

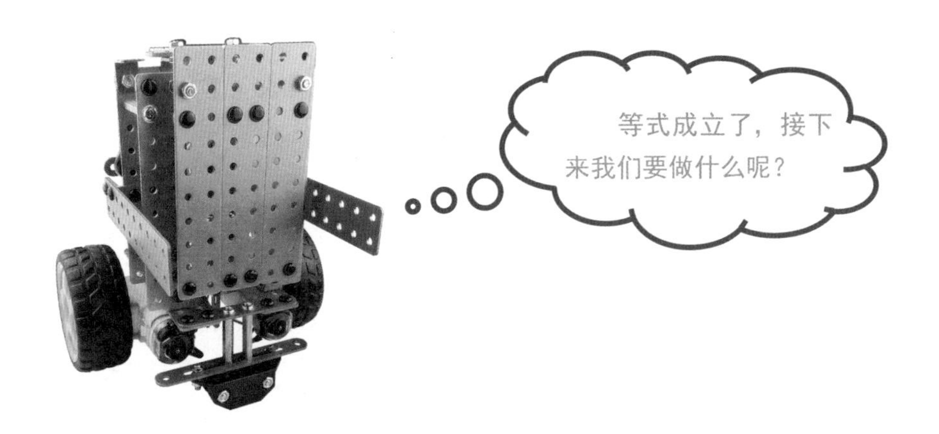

有了逻辑表达式，接下来就是判断逻辑表达式是否成立了，这里就要用到"如果……否则……"语句来判断了，如图 5.12 所示。

图 5.12 判断表达式是否成立

根据规则，如果光敏传感器检测到有光，则关闭左、右 LED 小灯；如果光敏传感器没有检测到光，则打开左、右 LED 小灯。基于此规则，我们在“执行”里面写上打开灯的程序，在“否则”里面写上关闭灯的程序，如图 5.13 所示。

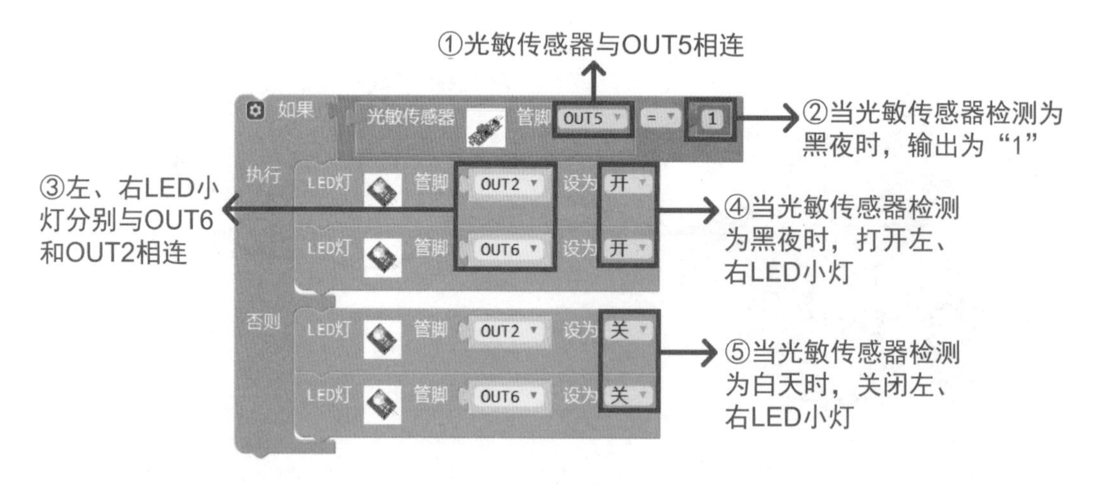

图 5.13 机器人的视觉程序

5.6 本章拓展

光敏传感器第一次没检测到光时，等待 5 秒后再检测是否有光，如果还是没检测到光就亮灯，如果检测到光则不做出反应。

第6章 避障机器人

什么是避障机器人呢？避障机器人就是在前进的过程中能自动避开障碍物的机器人。是不是很厉害！本章我们将学习避障机器人的电路连接和编程，如图6.1所示。我们将要用到“红外避障传感器”和“直流电机”。

图6.1 红外避障机器人

教学视频

演示视频

 6.1 认识红外避障传感器

前面我们已经学过机器人的视觉——光敏传感器，本节我们要学习的红外避障传感器也属于机器人视觉中的一种，它能用于检测障碍物。

红外避障传感器的实物如图 6.2 所示。

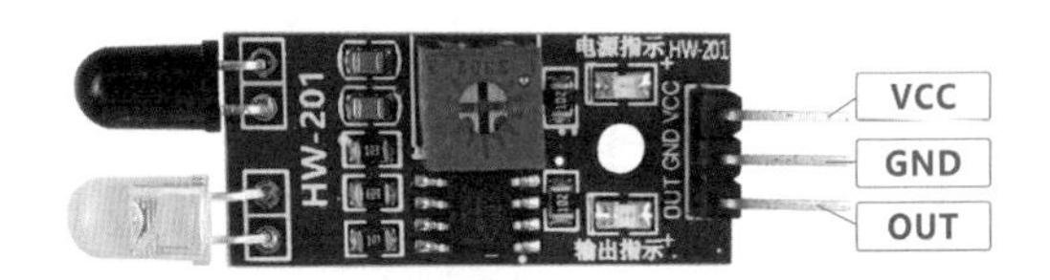

图 6.2 红外避障传感器

当红外避障传感器检测到障碍物时，OUT 引脚输出低电平“0”；当没有遇到障碍物时，红外线不返回，OUT 引脚输出高电平“1”，因此只需要判断控制器与红外避障传感器连接的引脚的电平是“0”还是“1”，就可以知道前面有无障碍物了。

红外避障传感器的工作原理如图 6.3 所示。

图 6.3 红外避障传感器的工作原理

6.2 红外避障传感器与控制器的连接

红外避障传感器与控制器的 OUT4 引脚连接。如图 6.4 所示，红外避障传感器的 OUT 引脚与控制器的 “S”引脚连接；VCC 引脚与控制器的“+”引脚连接；GND 引脚与控制器的“-”引脚连接。

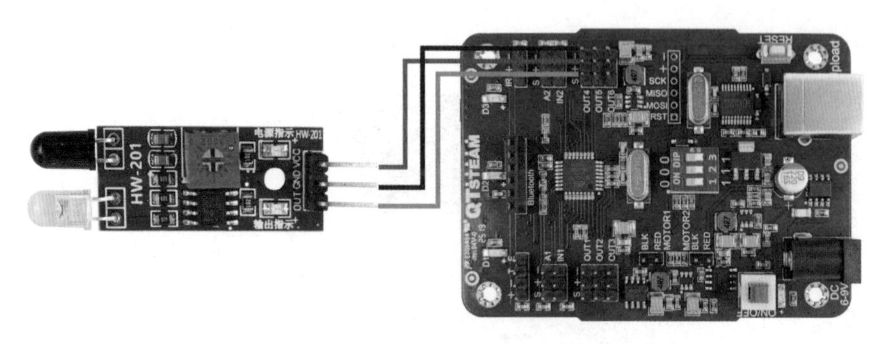

图 6.4 红外避障传感器与控制器的连接

6.3 红外避障传感器控制灯的亮灭

当红外避障传感器检测到障碍物时，OUT4 的电平为“0”，现在我们编写程序，当红外避障传感器检测到障碍物时，就点亮机器人前面的两个 LED 小灯。程序编完后，先单击“编译”按钮，再单击“上传”按钮，当提示上传成功后，用手挡住红外避障传感器，看看 LED 小灯是否会亮。

红外避障传感器语句的位置及控制 LED 小灯开关的程序如图 6.5 和图 6.6 所示。

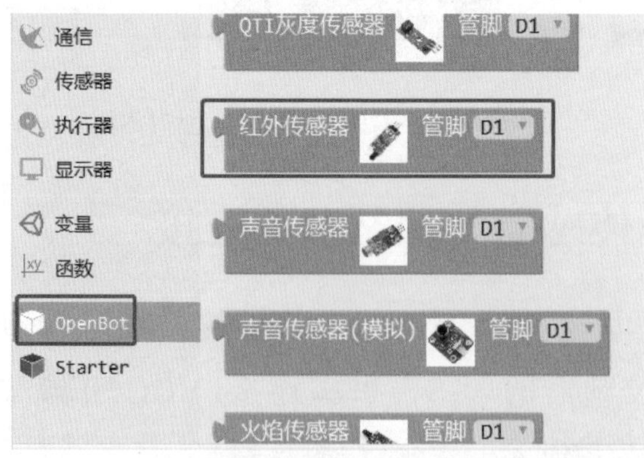

图 6.5 红外避障传感器语句的位置

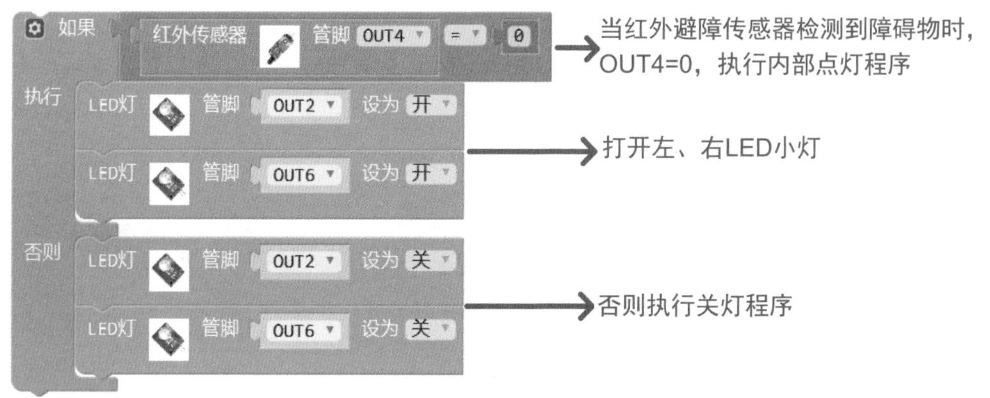

图 6.6 红外避障传感器控制 LED 小灯开关的程序

教学视频

演示视频

6.4 直流电机的认识及电路连接

直流电机用于驱动机器人的轮子，它有两个金属接点，如图 6.7（a）所示。通过导线将直流电机与机器人的控制器连接，如图 6.7（b）所示，机器人右侧电机与 MOTOR1 的两个引脚连接，左侧电机与 MOTOR2 的两个引脚连接。

（a）直流电机

（b）直流电机与机器人控制器的连接

图 6.7 直流电机及其与控制器的电路连接

6.5 机器人运动控制

如图 6.8 所示，机器人有前进、后退、左转、右转共四个基本动作，主要通过控制左、右电机来实现。

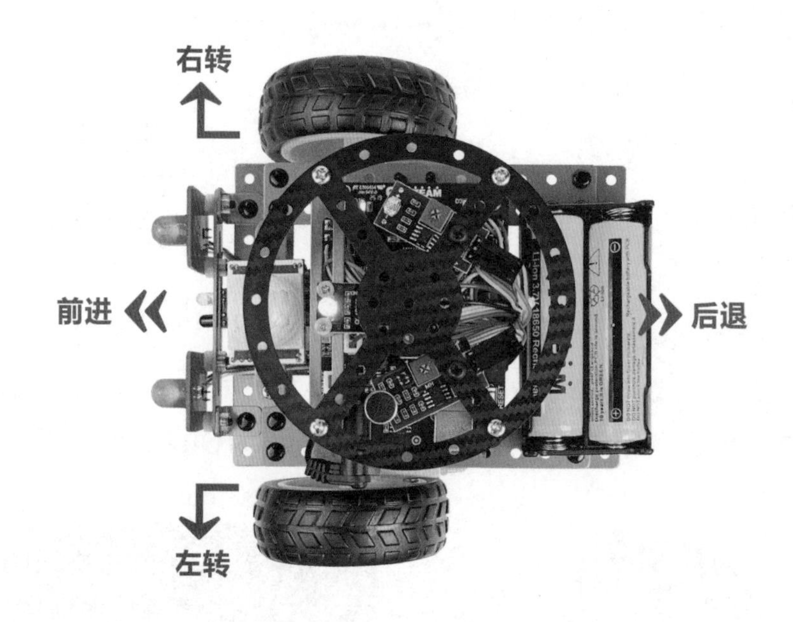

图 6.8 机器人运动方向说明

❶ 前进。机器人前进时，左轮反转，右轮正转，如图 6.9 所示。

❷ 后退。机器人后退与前进相反，左轮正转，右轮反转，如图 6.10 所示。

❸ 左转。机器人左转时，左轮正转，右轮正转，如图 6.11 所示。

❹ 右转。机器人右转时，右轮反转，左轮反转，如图 6.12 所示。

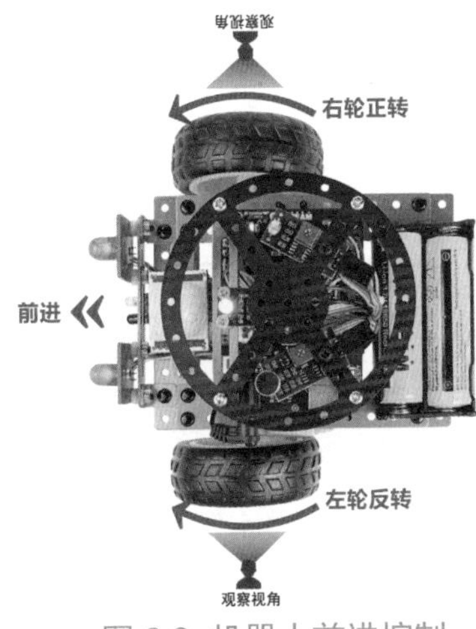

图 6.9 机器人前进控制

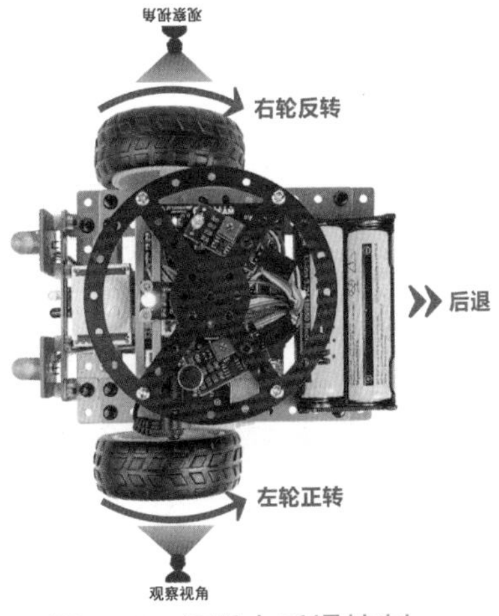

图 6.10 机器人后退控制

图 6.11 机器人左转控制

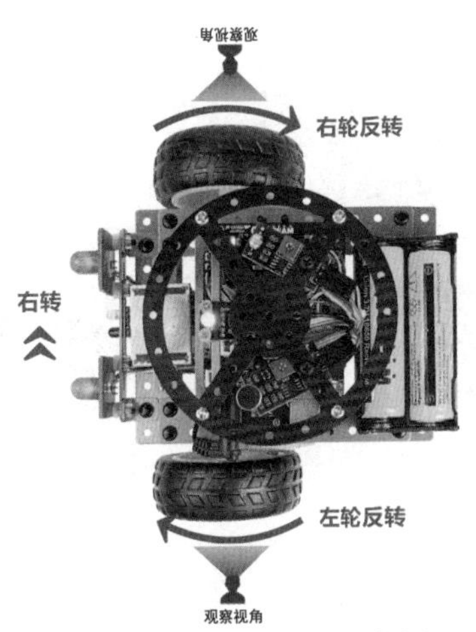

图 6.12 机器人右转控制

6.6 机器人避障规则

当红外避障传感器检测到障碍物时，会发生电平变化，我们可以通过获取红外避障传感器的输出电平信息来控制机器人的动作。避障机器人的避障规则如下。

❶ 当红外避障传感器没有检测到障碍物时，控制机器人前进。

❷ 当红外避障传感器检测到障碍物时，控制机器人后退一段安全距离，然后左转或右转，从而避开障碍物。

下面我们将根据上述规则进行编程。

6.7 认识控制电机的程序块

控制电机的程序块在模块区的 OpenBot 里面，如图 6.13 所示，它可以控制左电机和右电机的转动方向和转动速度。速度设为 0 时电机停止，小于 0 时电机反转，大于 0 时电机正转。绝对值越大，速度越快。设置好后，将设置电机的程序块下载至控制器，看看能否控制电机转动。

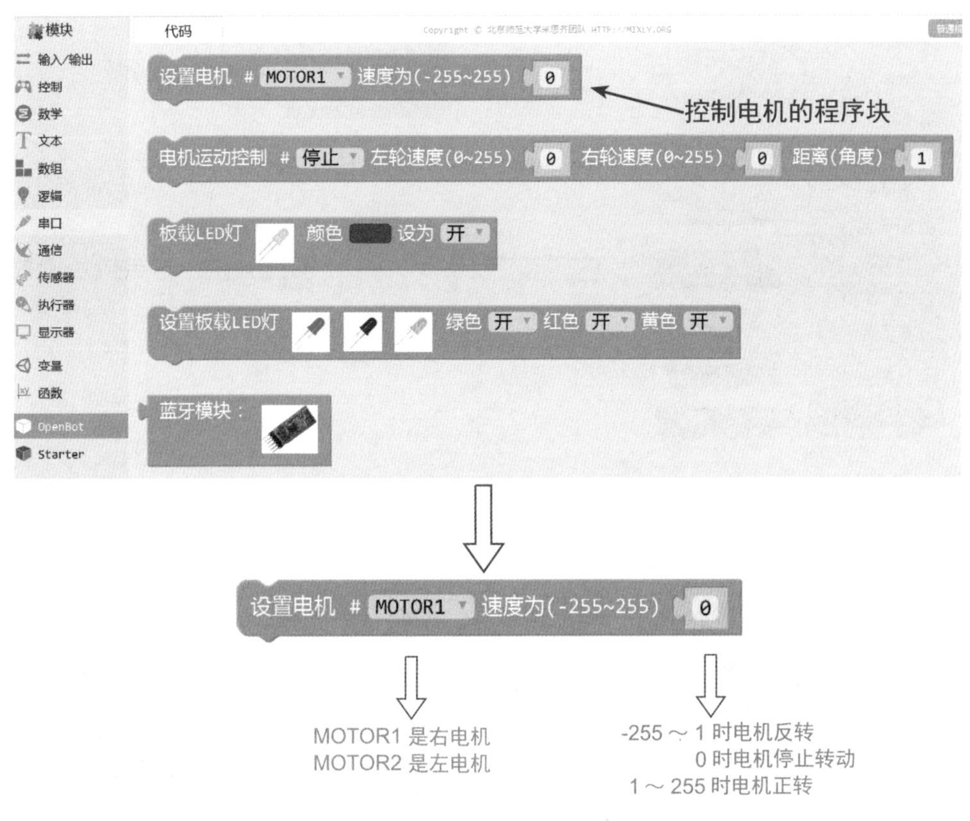

图 6.13 控制电机的程序块

6.8 避障机器人函数的搭建

我们可以把经常用到的语句搭建成函数，从而方便后续快速调用这部分语句。函数的语句块在“函数”模块项内，函数可以被设置为带参数和不带参数两种类型，具体设置方法如图 6.14 所示。

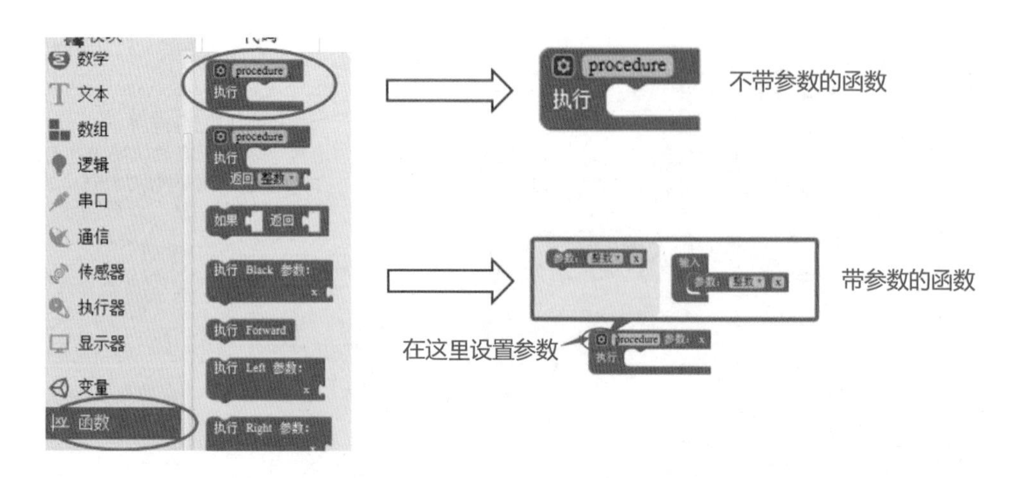

图 6.14 函数的设置

1、前进函数

机器人前进时，左轮反转，右轮正转，因为不需要机器人走固定的距离，所以前进函数不带参数。前进函数如图 6.15 所示，其中，函数的名称可以自己定义，延时 10 毫秒的语句是前进的时间，用来控制前进的距离。前进函数编好后，在“函数”模块项中会生成一个前进函数的程序块，调用该程序块，并将其下载至控制器，看看机器人会不会前进？

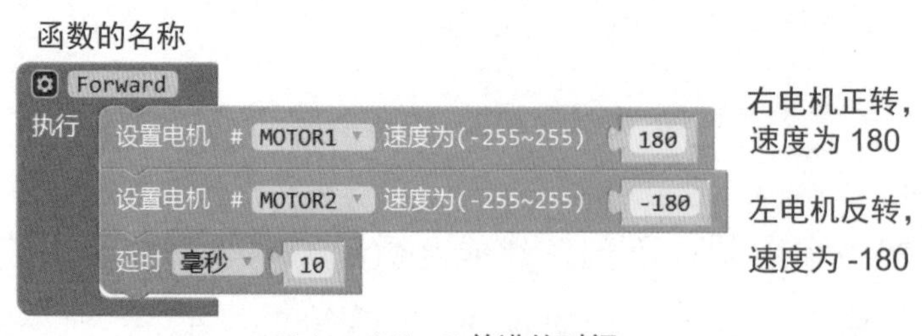

图 6.15 前进函数

2、后退函数

因为当机器人遇到障碍物时，需要后退一段固定的距离，所以需要用到函数参数。该函数参数用于设定后退时间，通过时间可以控制距离，如图 6.16 所示为步长程序块，它可以控制电机运转时间，从而让机器人后退一定的距离。

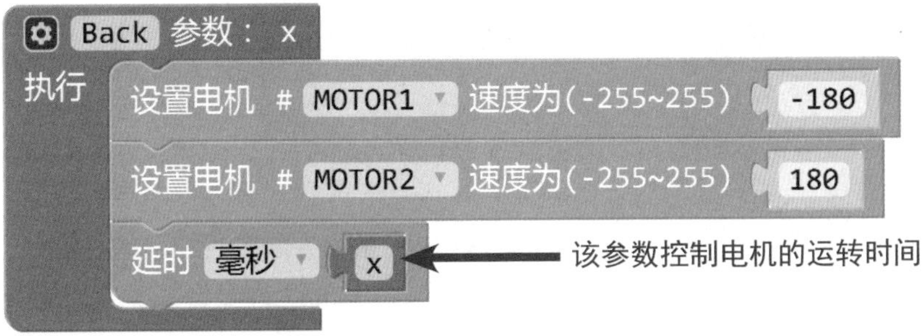

图 6.16 步长程序块

后退函数如图 6.17 所示。

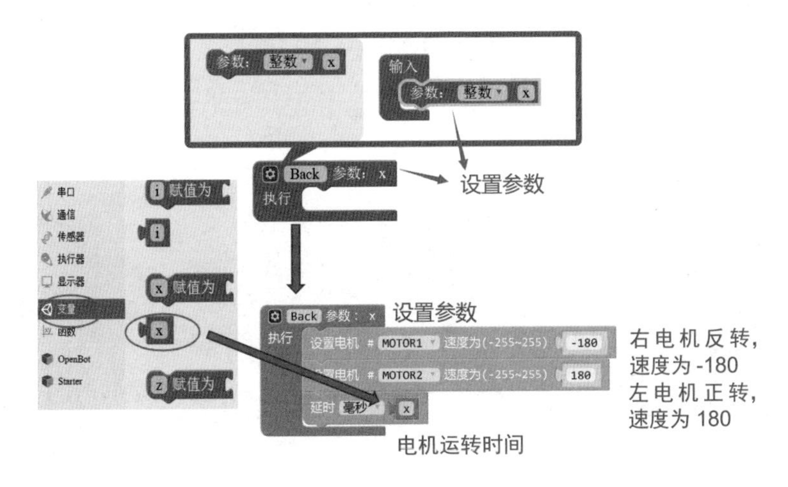

图 6.17 后退函数

3、左转函数

机器人左转时，左轮向后转，右轮向前转，机器人需要左转一定角度，故需要设置参数和延时的时长。左转函数如图 6.18 所示。

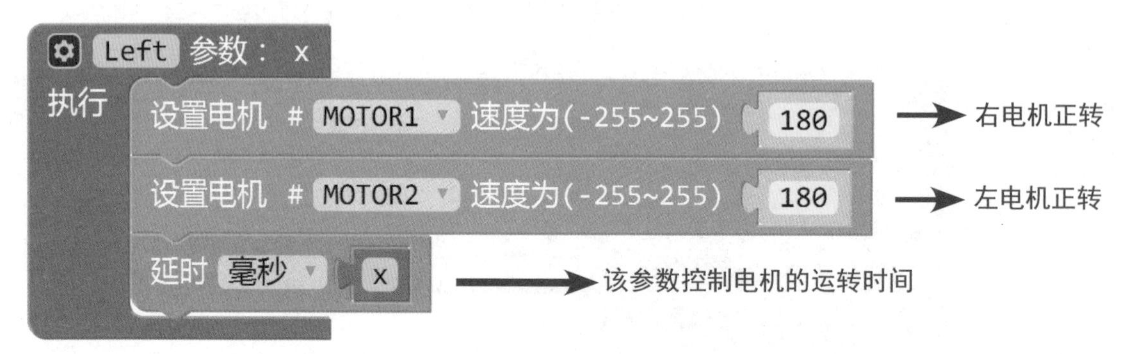

图 6.18 左转函数

4、右转函数

机器人右转时，右轮向后转，左轮向前转，机器人需要右转一定角度，故需要设置参数和延时的时长。右转函数如图 6.19 所示。

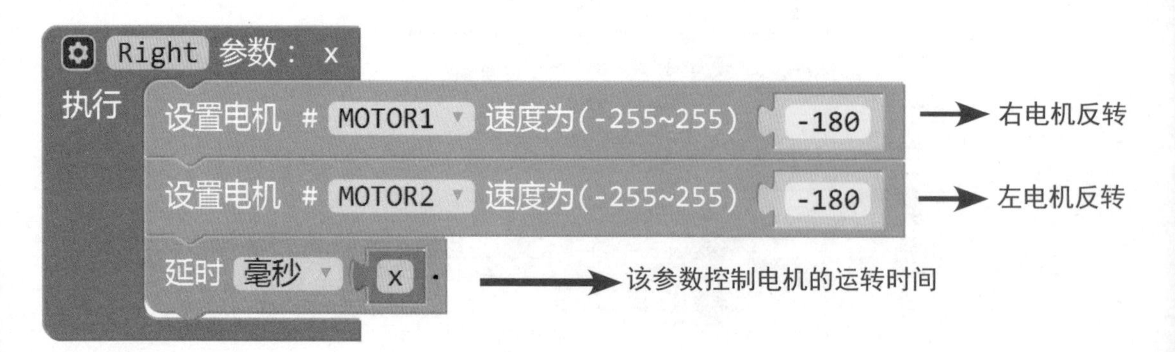

图 6.19 右转函数

6.9 避障机器人主函数

下面根据机器人避障规则来搭建避障程序。当红外避障传感器检测到障碍物时，OUT4 引脚电平为“0”，机器人后退一段距离，然后右转；当红外避障传感器没有检测到障碍物时，机器人一直前进。

搭建好的避障机器人主函数如图 6.20 所示。

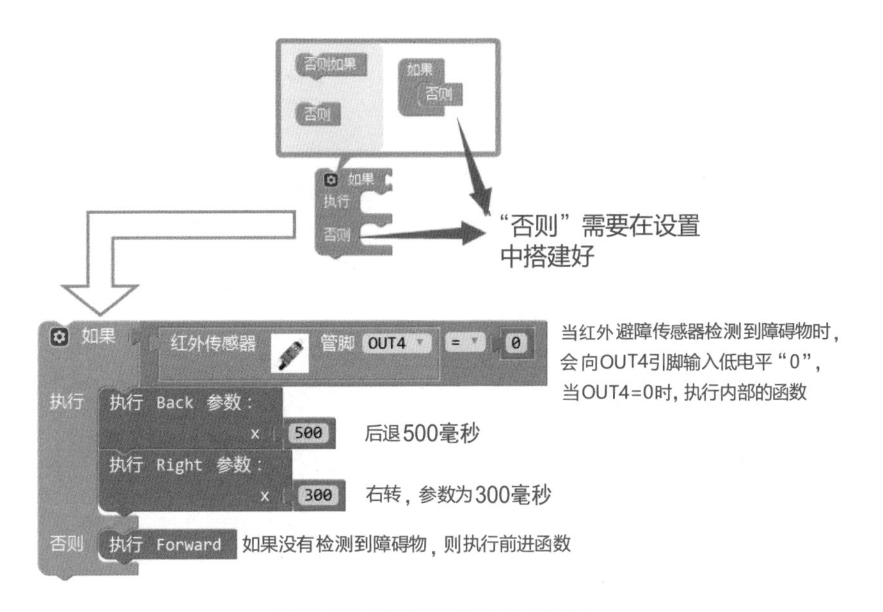

图 6.20 避障机器人主函数

6.10 避障机器人的完整程序

综上，可以得到避障机器人的完整程序如图 6.21 所示。

Forward
执行 设置电机 # MOTOR1 速度为(-255~255) 180
设置电机 # MOTOR2 速度为(-255~255) -180
延时 毫秒 10

Back 参数： x
执行 设置电机 # MOTOR1 速度为(-255~255) -180
设置电机 # MOTOR2 速度为(-255~255) 180
延时 毫秒 x

Stop
执行 设置电机 # MOTOR1 速度为(-255~255) 0
设置电机 # MOTOR2 速度为(-255~255) 0

Left 参数： x
执行 设置电机 # MOTOR1 速度为(-255~255) 180
设置电机 # MOTOR2 速度为(-255~255) 180
延时 毫秒 x

图 6.21 避障机器人完整程序

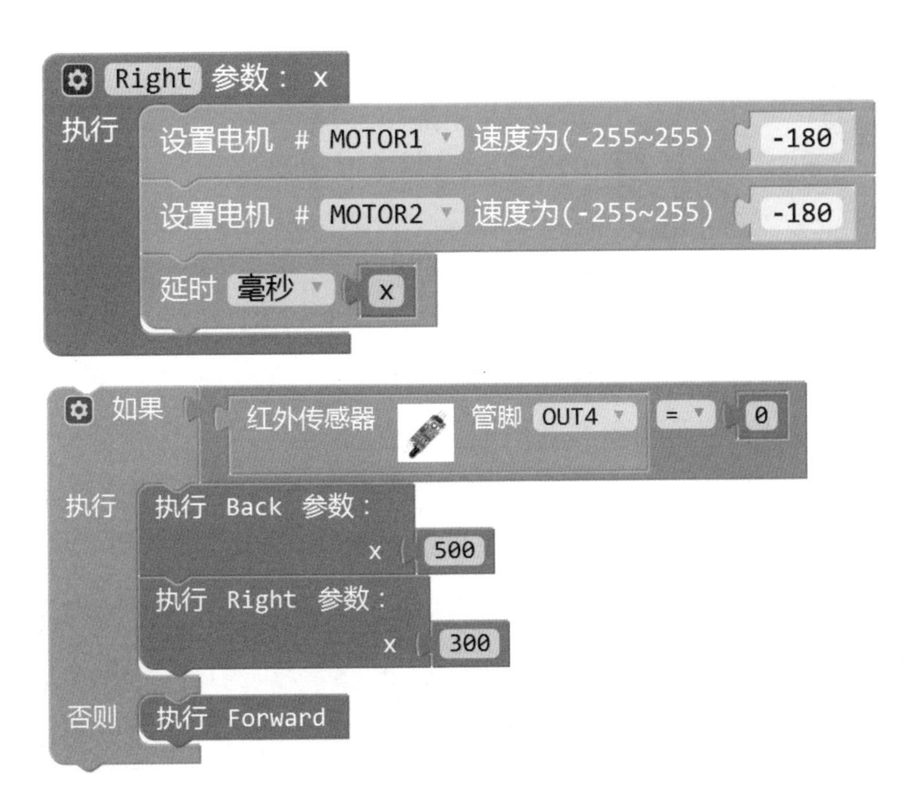

图 6.21 避障机器人完整程序（续）

6.11 本章拓展

修改主程序，让机器人遇到障碍物时后退一段距离，然后左转。

第7章 声控彩灯机器人

城市里的霓虹灯，闪烁着五颜六色的光芒，这种变化效果究竟是如何产生的呢？现在就让我们一探究竟。不同颜色的颜料按一定比例混合可以得到另一种颜色（三原色原理）；同样地，不同颜色的光线按一定比例混合也可以得到另一种颜色的光线。RGB 彩灯就是通过光线的这一特性设计的。

RGB 三色 LED 灯有 4 个引脚，分别为红色（R）、绿色（G）、蓝色（B）和接地（GND）。如图 7.1 和图 7.2 所示分别为 RGB 三色 LED 灯的实物与共阴极引脚示意图。

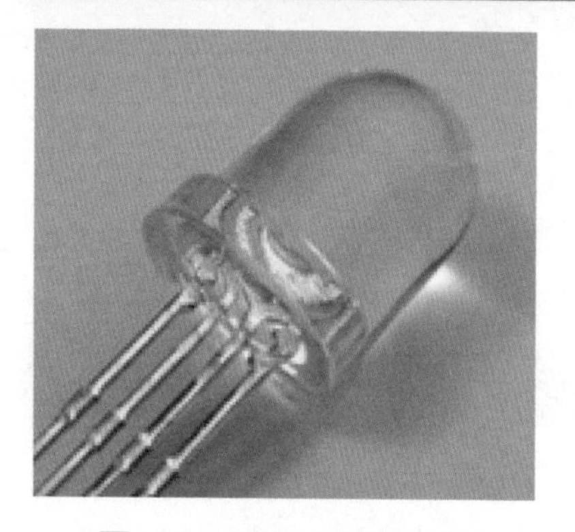

图 7.1 RGB 三色 LED 灯

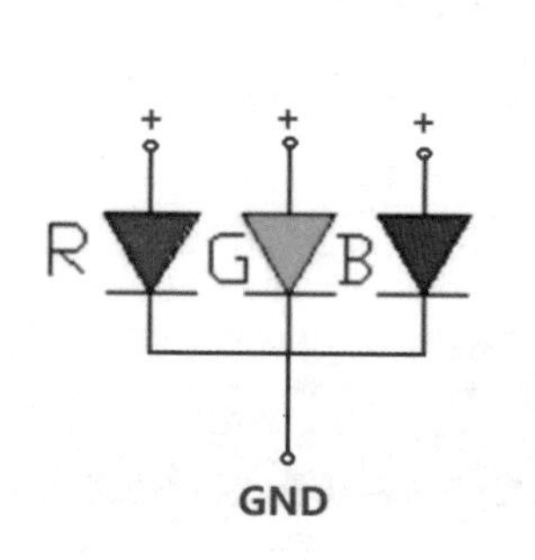

图 7.2 RGB 三色 LED 灯共阴极引脚示意图

7.1 认识 RGB 彩灯模块

在声控彩灯机器人硬件设计过程中，我们要用到 RGB 彩灯模块，如图 7.3 所示，该模块包含 4 个引脚，分别是 R（红色）、G（绿色）、B（蓝色）和 GND（接地）。

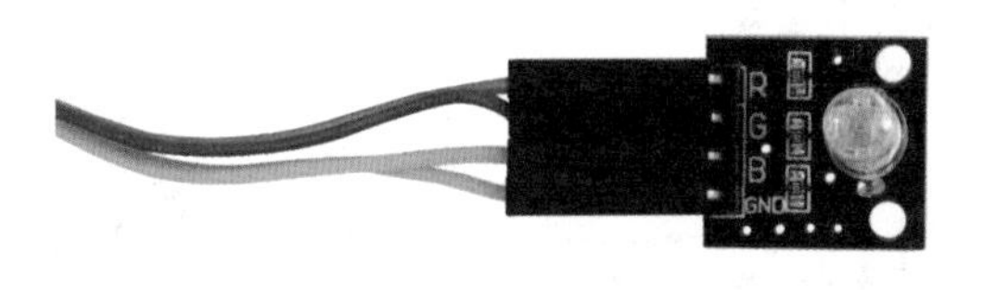

图 7.3 RGB 彩灯模块

RGB 彩灯模块的基本工作特性如下：

❶ 带限流电阻，防止烧坏 LED 灯，可接各种机器人控制芯片；

❷ 高电平点亮 LED 灯，低电平熄灭 LED 灯；

❸ 工作电压为 3.3V/5V，质量为 4g；

❹ 可直接连接到 QTSTEAM 控制器上使用。

RGB 彩灯模块的 3 个颜色的变化以及 3 种颜色的互相叠加可以得到任意颜色。R、G、B 各有 256 级亮度，用数字表示为 0 ～ 255，通过控制它们的亮度，可以组合出任何想要的颜色。

RGB 彩灯模块的电路连接如图 7.4 所示。

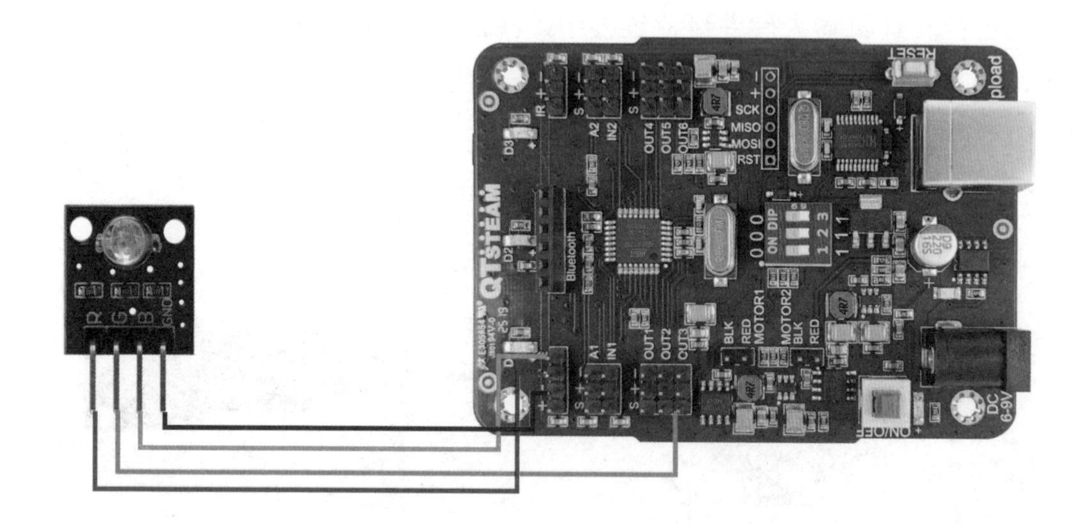

图 7.4 RGB 彩灯模块的电路连接

说明：

在机器人电路中，声音传感器连接 QTSTEAM 控制器的 OUT1、正极和负极 3 个引脚，RGB 彩灯模块连接 QTSTEAM 控制器的 T、OUT3、E 和 GND 4 个引脚。

让我们再来回顾一下第 4 章所学的如何利用声音传感器来控制 LED 灯的亮灭。

如图 4.6 所示，该声音传感器由 VCC、GND、OUT 3 个引脚组成。当声音传感器检测到声音时，OUT 引脚输出低电平“0”；当声音传感器没有检测到声音时，OUT 引脚输出高电平“1”。

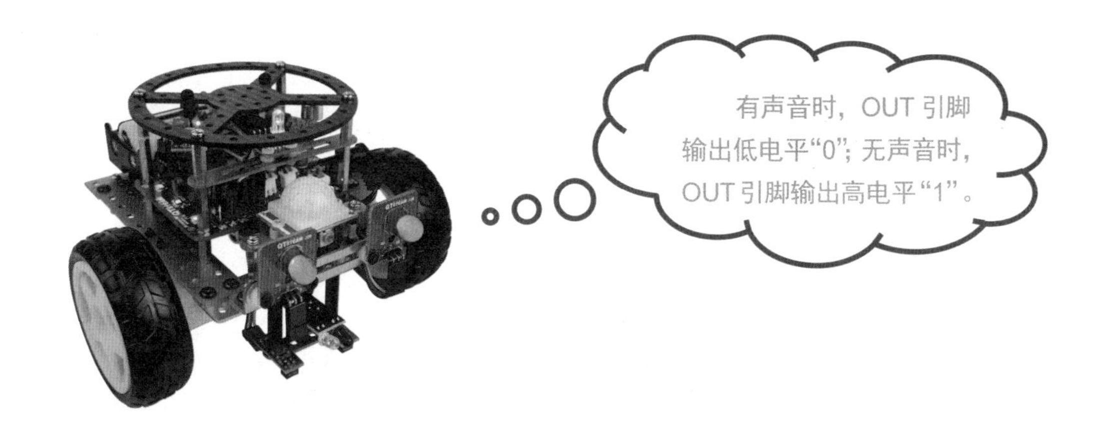

7.2 声控彩灯机器人的规则与编程

声控彩灯机器人的规则：

❶ 当声音传感器检测到有外界声音的存在时，RGB 彩灯模块分别切换红、绿、蓝 3 种颜色亮灭，间隔时间为 0.5 秒；

❷ 当声音传感器没有检测到外界声音的存在时，RGB 彩灯模块全部熄灭。

小朋友们，对于控制规则，你们有更好的设计想法吗？

编程控制：

声明 i 为 整数 并赋值 1

初始化声明整数变量 i，并将其赋值为 1，变量 i 作为 switch 开关选择语句的条件。

初始化 RGB 彩灯模块，红色引脚连接控制器的 T 引脚，绿色引脚连接控制器的 OUT3 引脚，蓝色引脚连接控制器的 E 引脚。

声音传感器的输出引脚 OUT1 等于低电平“0”，代表声音传感器检测到外界的声音。

如果后面的条件成立，则执行语句。

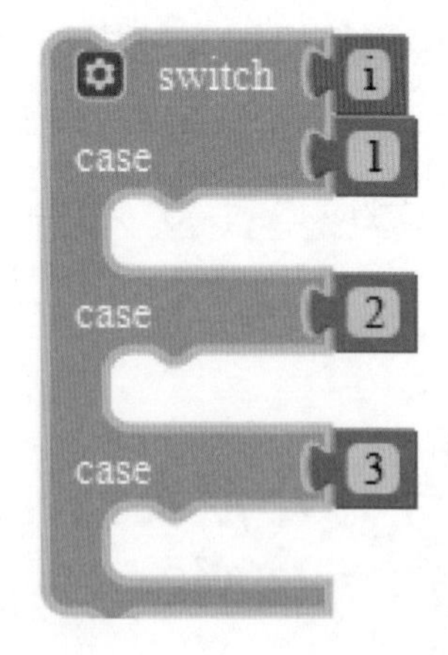

switch 语句代表若变量 i=1，则执行 case1 语句；若 i=2，则执行 case2 语句；以此类推。

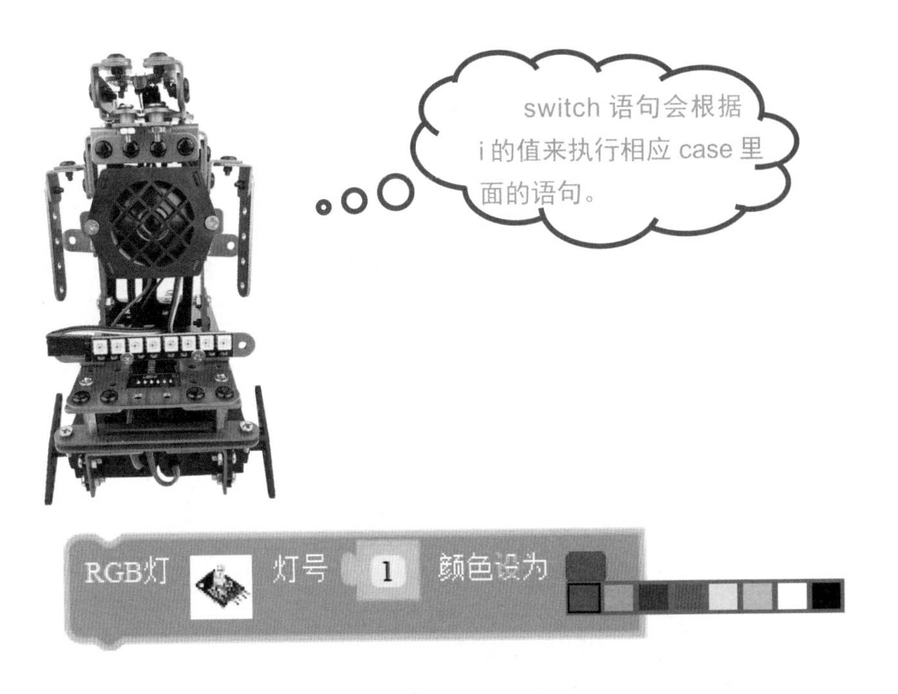

该语句将 RGB 彩灯模块的颜色设为红色（有多种颜色，选择其中一种），并将红色 LED 灯设为高电平“1”。

延时 500 毫秒，即延时 0.5 秒，也就是在程序执行到延时语句上一步时，要延时 0.5 秒才能继续执行。

将 RGB 彩灯模块的颜色设为黑色，即熄灭 RGB 彩灯。

变量 i 赋值为 i+1，即 i=i+1。

变量 i 赋值为 1，即 i=1。

声控彩灯机器人的程序如图 7.5 所示。

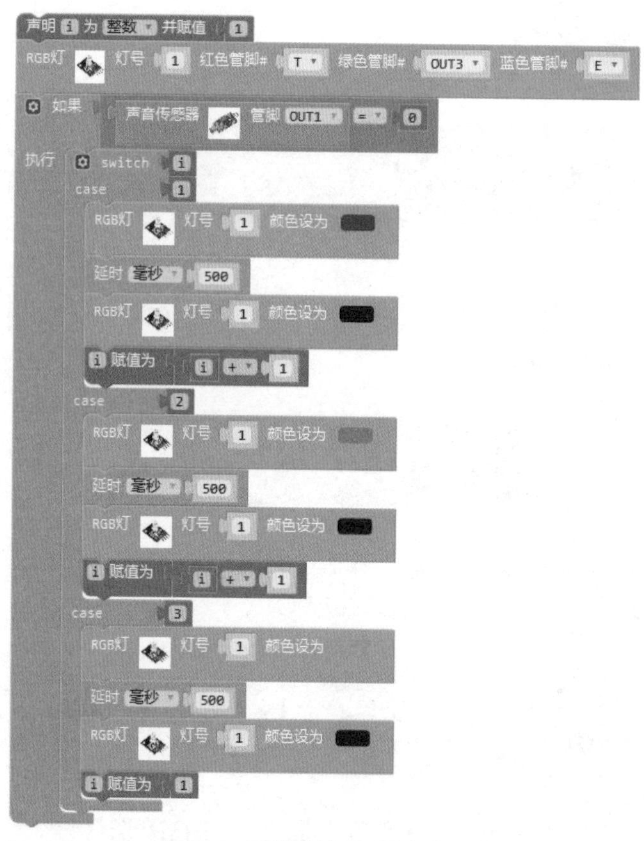

图 7.5 声控彩灯机器人程序

程序先初始化声明整数变量i，并且令i=1，设置RGB彩灯模块的红、绿、蓝引脚分别连接控制器的T、OUT3和E引脚。如果声音传感器检测到声音，即OUT–0，则执行switch语句；i=1时，红灯亮起，延时0.5秒后红灯熄灭，i被赋值为i=i+1；i=2时，绿灯亮起，延时0.5秒后绿灯熄灭，i被赋值为i=i+1；i=3时，蓝灯亮起，延时0.5秒后，蓝灯熄灭，i=1。重复执行上面的程序语句。

7.3 声控彩灯机器人的拓展

当采用声音传感器检测外界的声音时，我们可以利用机器人的电机、两个LED小灯及RGB彩灯模块拓展机器人的功能。当传感器检测到声音时，不仅可以让RGB彩灯或者LED小灯亮起，还可以加上两个电机的运动动作，如前进、后退、左转、右转和停止。

根据控制器的I/O端口，我们可以任意加入拓展模块，发散自己的思维，设计出属于自己的机器人。

7.4 本章小结

❶ RGB彩灯模块和声音传感器的认识。

❷ 声控彩灯机器人的规则。

❸ 声控彩灯机器人的程序设计。

❹ 声控彩灯机器人的拓展。

第 8 章　廊道智能灯

夜间走楼梯时大吼一声，楼梯灯会亮起来，人走了以后灯会自动熄灭。如果是白天，你吼一声，灯不会亮。如何实现廊道智能灯的控制呢？其实，利用我们在第 4 章中学过的声音传感器和在第 5 章中学过的光敏传感器就可以实现这个功能，本章就带同学们一起来学习廊道智能灯的编程控制。

8.1 回顾听觉与视觉

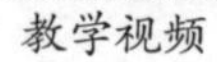

教学视频

演示视频

1、机器人的听觉回顾

机器人的听觉是什么？

机器人听觉的工作原理是什么？

机器人的听觉就是声音传感器，如图 8.1 所示。

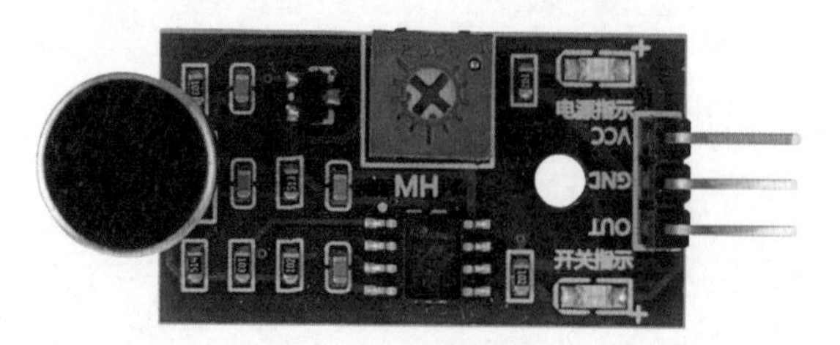

图 8.1 声音传感器

如图 8.2 所示，机器人听觉的工作原理是：当声音传感器检测到声音时，OUT 引脚会输出一个低电平“0”；当声音传感器没有检测到声音时，OUT 引脚会输出一个高电平“1”。

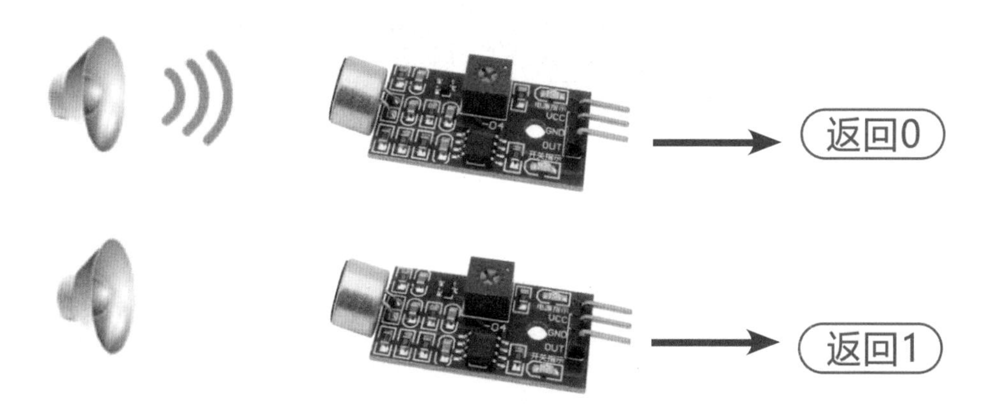

图 8.2 机器人听觉的工作原理

对于实际应用来说，只用声音传感器来控制灯的开关是有优缺点的。

优点：检测到声音时灯会亮，没有检测到声音时灯会灭，控制简单。

缺点：白天的时候，当检测到声音时灯也会亮，但是白天我们看得见路，所以灯亮没有作用，而且还浪费电。

2、机器人的视觉回顾

机器人的视觉是什么？

机器人视觉的工作原理是什么？

机器人的视觉就是光敏传感器，如图 8.3 所示。

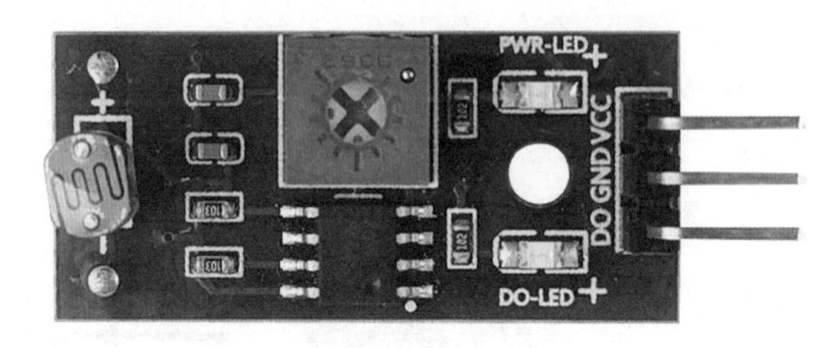

图 8.3 光敏传感器

如图 8.4 所示，机器人视觉的工作原理是：当光敏传感器检测到光时，DO 引脚会输出一个低电平“0”；当光敏传感器没有检测到光时，DO 引脚会输出一个高电平“1”。

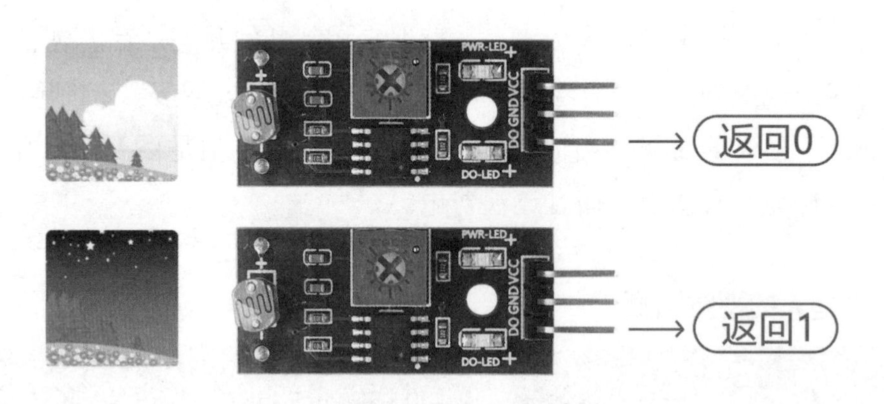

图 8.4 机器人视觉的工作原理

对于实际应用来说，只用光敏传感器控制灯的开关也是有优缺点的。

优点：如果没有检测到光，则说明是晚上，灯会自动亮；白天有光时灯会自动灭，控制简单。

缺点：当夜晚没有光时，不管有没有人经过都会把灯打开，很费电，而实际上当没有人经过时是不需要亮灯的。

8.2 视觉与听觉的结合

课前小故事：

一个盲人在一段不好走的路前停了下来，他遇见了一个跛子，他想请跛子帮助他，“我怎么帮你呢？”跛子问。“我的腿是瘸的，不好走路，尤其是这里高高低低的，你却不一样，你很强壮，腿也好，走路很平稳。”“我是很强壮，但我的眼睛看不见路。”“哦，那么我们可以互相帮助呀！”跛子说：“你把我背在背上，我给你指路，当你的眼睛，你可以做我的腿，这样我们就可以一起前进了！”“你说的对，我们可以互相帮助！”盲人说。于是，盲人把跛子背在背上，跛子负责指路，他们就这样安全又愉快地继续上路了。

思考：这个故事给了我们什么启示？

合作有利于事情的顺利完成，只有互相帮助，才能取得更好的效果。

这里，声音传感器相当于故事中的盲人，光敏传感器相当于故事中的跛子，它们必须相互合作才能实现廊道智能灯的功能。

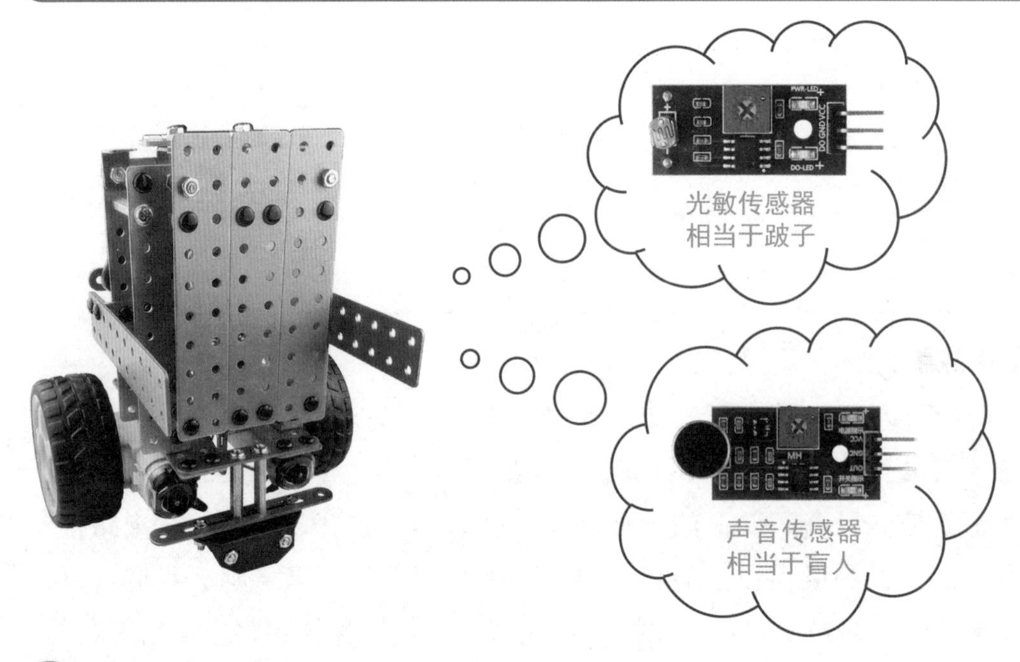

8.3 廊道智能灯的规则设计

接下来我们将视觉和听觉组合起来，给廊道智能灯设计灯的开关规则，如图 8.5 所示。

首先判断是否是白天。

❶ 如果是白天，则不做出反应。

❷ 如果是黑夜，则判断是否有声音。

■如果没有声音，则不做出反应。

■如果有声音，则打开左、右LED小灯；等待8秒，关闭左、右LED小灯。

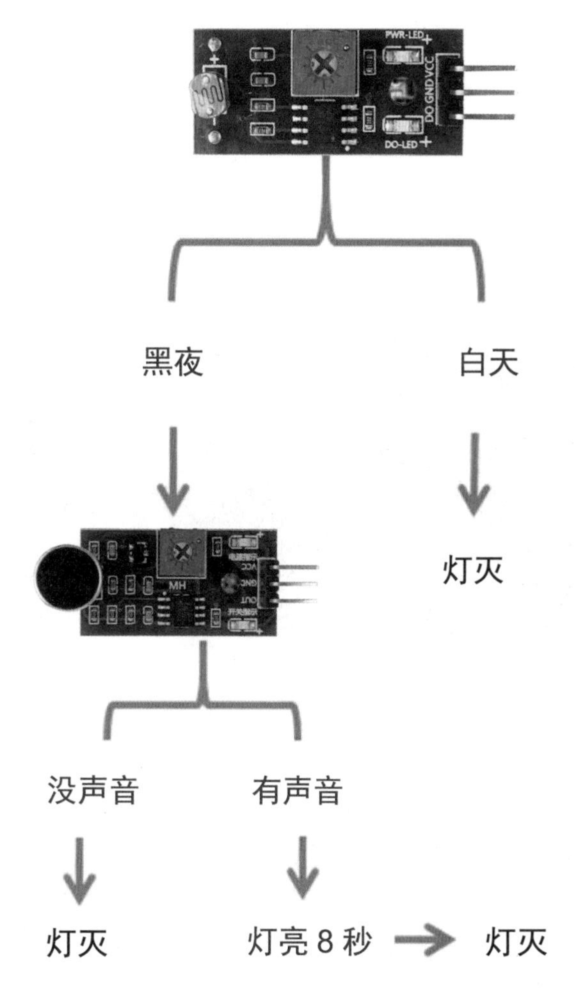

图8.5 视觉和听觉组合工作原理

8.4 电路连接

准备安装组件（如图 8.6 所示）：机器人控制器、光敏传感器、声音传感器、两个 LED 小灯和 Mixly 编程软件。

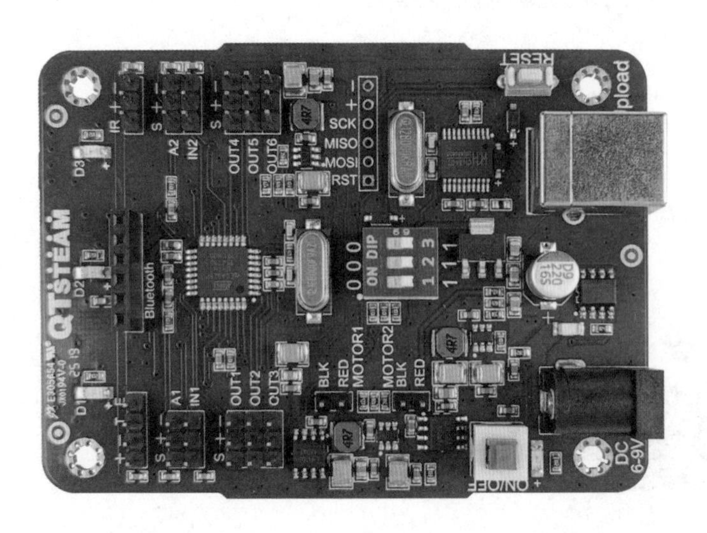

图 8.6 准备安装组件

具体的电路连接如图 8.7 所示。

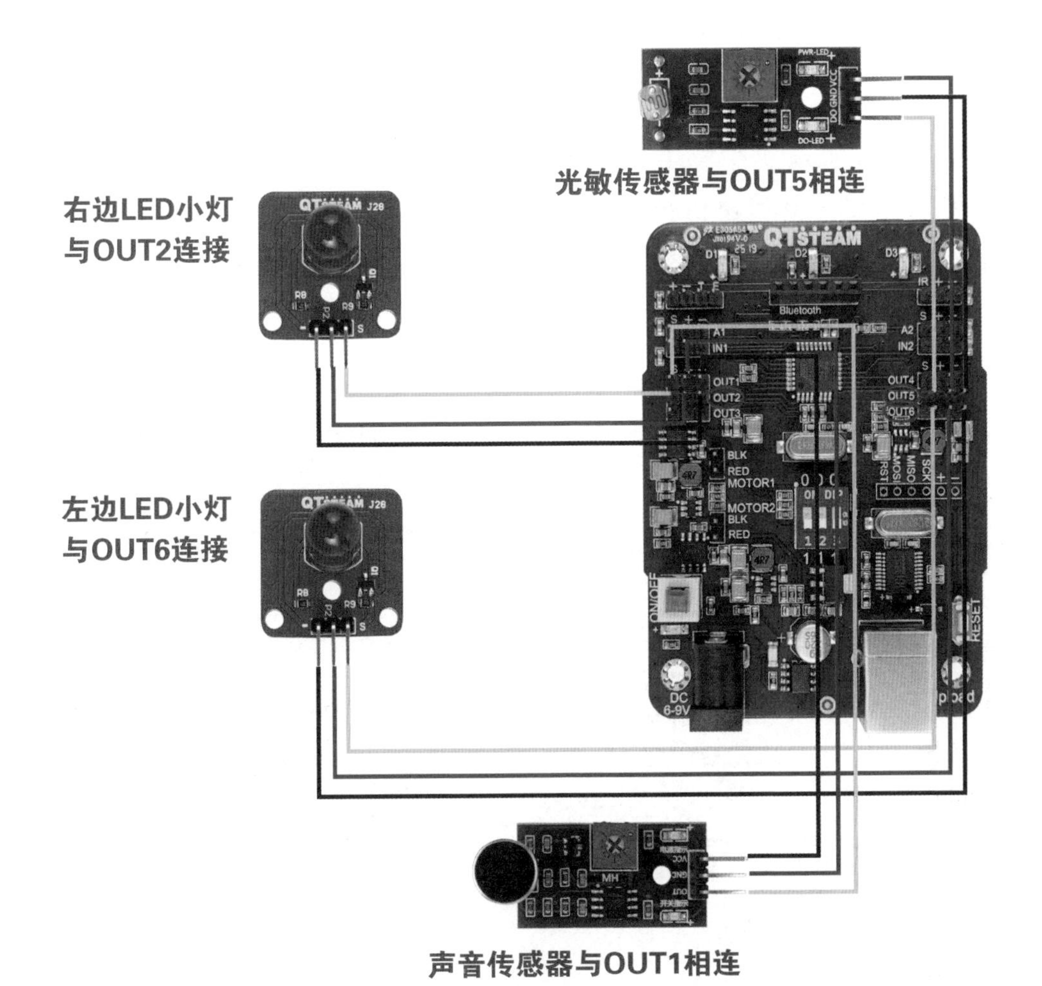

图 8.7 廊道智能灯的电路连接

8.5 程序设计

本节我们来学习一个逻辑运算符——逻辑“且”。

如图 8.8 所示，在模块区的逻辑里面找到第二条“且”语句，单击“且”后面的“▼”可以选择“且”和“或”。“且”的意思是要同时满足左、右两边的条件才算成立，例如，如果明天不下雨并且学校同意的话我们就去郊游，只要有一个条件不成立我们就去不了；“或”的意思是只要满足左、右两边的任何一个条件，程序就成立。因为本程序要在满足天黑和有声音的条件下才亮灯，缺少任何一个条件都不行，所以我们选择“且”。

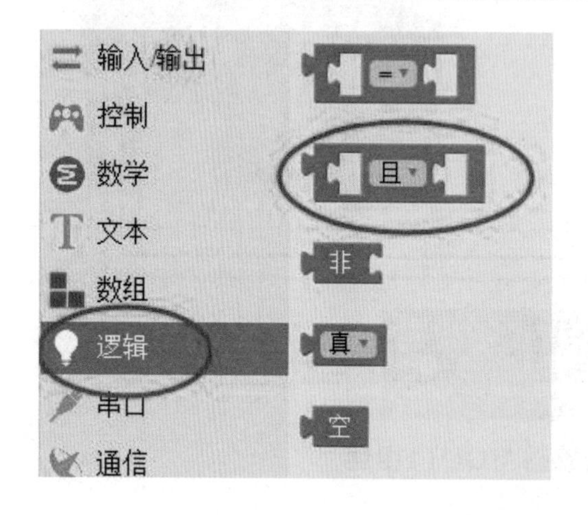

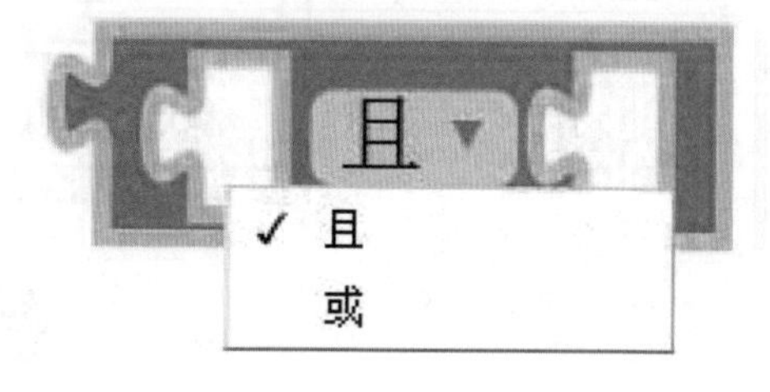

图 8.8 逻辑“且”和“或”语句

首先要满足天黑的条件，满足天黑的条件就是光敏传感器输出“1”，所以令光敏传感器等于“1”；在满足天黑的条件下还要满足有声音，如果有声音，那么声音传感器就要输出“0”；把这两个条件放到“且”语句里面，如图 8.9 所示。

满足条件后就要打开左、右 LED 小灯，8 秒后关闭左、右 LED 小灯，具体程序如图 8.10 所示。

图 8.9 条件设置

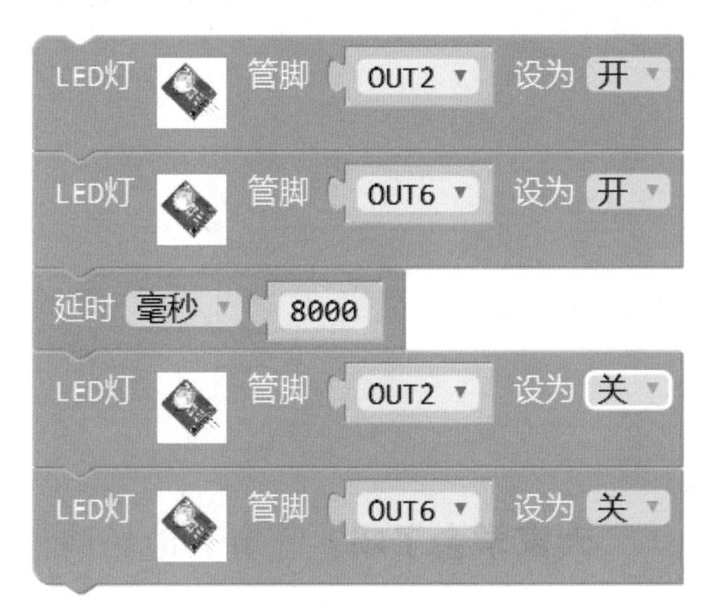

图 8.10 控制左、右 LED 小灯开关的程序

最后，利用“如果……执行……”语句将两段程序连接起来，就可以实现廊道智能灯的功能了，如图 8.11 所示。

图 8.11 廊道智能灯程序

大家学会了吗？还有其他的编程方法吗？

8.6 本章小结

❶ 回顾光敏传感器和声音传感器的工作原理。

❷ 分析机器人视觉和听觉的优缺点。

❸ 利用机器人视觉和听觉的优点来设计智能廊道灯的控制规则。

❹ 完成廊道智能灯的程序设计。

第 9 章 循线机器人

人可以通过眼睛看到道路，然后沿着道路行走，那么机器人能不能利用它们的眼睛看到道路，然后也沿着道路行走呢？本章我们就一起来学习循线机器人的制作。循线机器人可以沿着黑线一直行走，而且不会走偏，这需要用到机器人的另一种眼睛——QTI 传感器。

机器人的眼睛有很多种类，本章我们来学习另一种机器人的眼睛——QTI 传感器。

教学视频

演示视频

9.1 认识 QTI 传感器

QTI 传感器能够识别黑线，其实物如图 9.1 所示。当 QTI 传感器检测到黑色时，SIG 引脚会输出高电平“1”；当 QTI 传感器检测到其他颜色时，SIG 引脚会输出低电平“0”。

（a）正面

（b）反面

图 9.1 QTI 传感器

9.2 QTI 传感器的连接

制作循线机器人需要用到两个 QTI 传感器，左侧的 QTI 传感器与控制器的 IN1 连接，右侧的 QTI 传感器与控制器的 IN2 连接，其中 SIG 与“S”引脚连接，VCC 与“+”引脚连接，GND 与“-”引脚连接。QTI 传感器与控制器的电路连接如图 9.2 所示。

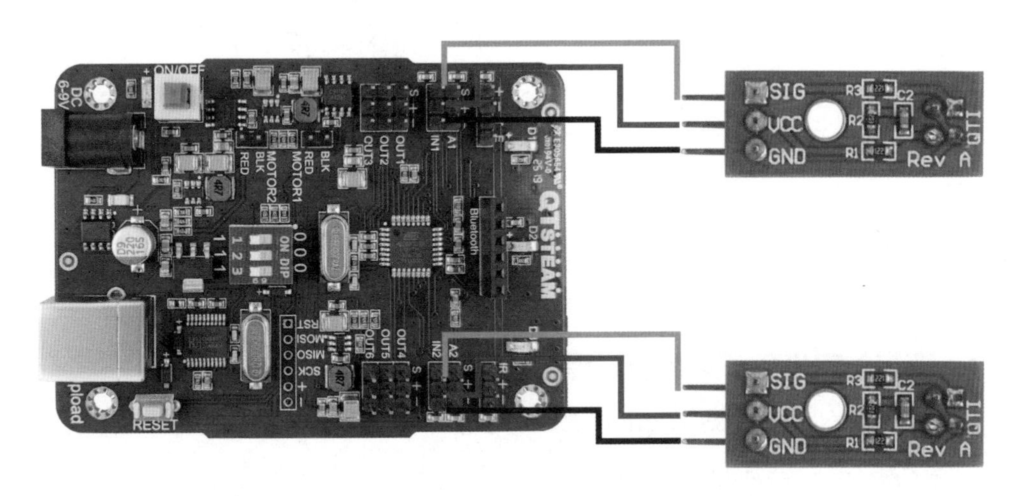

图 9.2 QTI 传感器与控制器的电路连接

9.3 机器人的循线规则

❶ 当右侧QTI传感器检测到黑线时，说明机器人左偏了，此时让机器人右转。

❷ 当左侧QTI传感器检测到黑线时，说明机器人右偏了，此时让机器人左转。

❸ 当左、右两侧的QTI传感器都没有检测到黑线时，说明机器人在黑线正上方，此时让机器人保持前进。

❹ 当左、右两侧的QTI传感器都检测到黑线时，此时机器人继续前进。

9.4 循线机器人的程序编写

1、变量的定义与子函数的搭建

首先我们定义一个变量qtis，用于记录左、右两侧QTI传感器的电平信息变化，然后编写机器人前进、左转和右转的函数，由于不需要机器人走固定的距离，所以函数不需要加步长。具体程序如图9.3所示。

声明 qtis 为 整数 并赋值

变量qtis用于记录左、右QTI传感器的电平变化

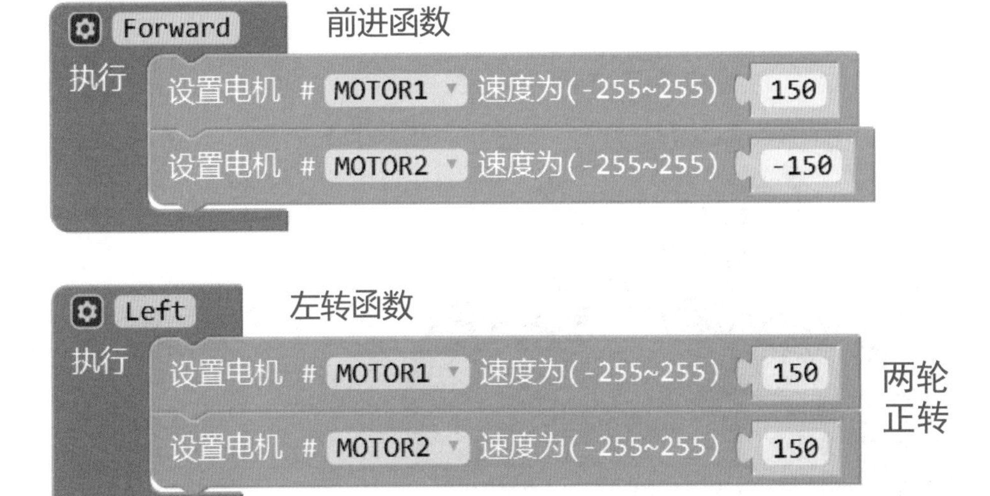

图 9.3 变量的定义与子函数的搭建

在编写机器人左转和右转函数时应注意，机器人左转时，左轮和右轮都正转；机器人右转时，左轮和右轮都反转。当循线速度为 150 时，机器人运行比较平稳。

2、QTI 传感器电平信息变化的获取

令左侧 QTI 传感器连接的 IN1 引脚读取到的值乘以 2，再加上右侧 QTI 传感器连接的 IN2 引脚读取到的值，这样 qtis 的值就有 0、1、2、3 这四种可能，每一个值对应一种情况。

❶ 当与 IN1 和 IN2 连接的两个 QTI 传感器都在黑线上时，qtis=1×2+1=3。

❷ 只有与 IN1 连接的左侧 QTI 传感器在黑线上，qtis=1×2+0=2。

❸ 只有与 IN2 连接的右侧 QTI 传感器在黑线上，qtis=0×2+1=1。

❹ 当两个 QTI 传感器都不在黑线上时，qtis=0×2+0=0。

获取 QTI 传感器电平信息变化的程序如图 9.4 所示。

图 9.4 获取 QTI 传感器电平信息变化的程序

3、循线机器人主函数

循线机器人主函数如图 9.5 所示，在“重复执行”程序块内，不断读取变量 qtis 的值，然后通过 switch 语句来控制机器人的运动，实现机器人的循线功能。

重复 满足条件 1
执行 qtis 赋值为 QTI灰度传感器 管脚# IN1 × 2 + QTI灰度传感器 管脚# IN2
switch qtis
case 0
执行 Forward
case 1
执行 Right
case 2
执行 Left
case 3
执行 Forward
default 跳出 循环

图 9.5 循线机器人主函数

9.5 循线机器人的完整程序

循线机器人的完整程序如图 9.6 所示。

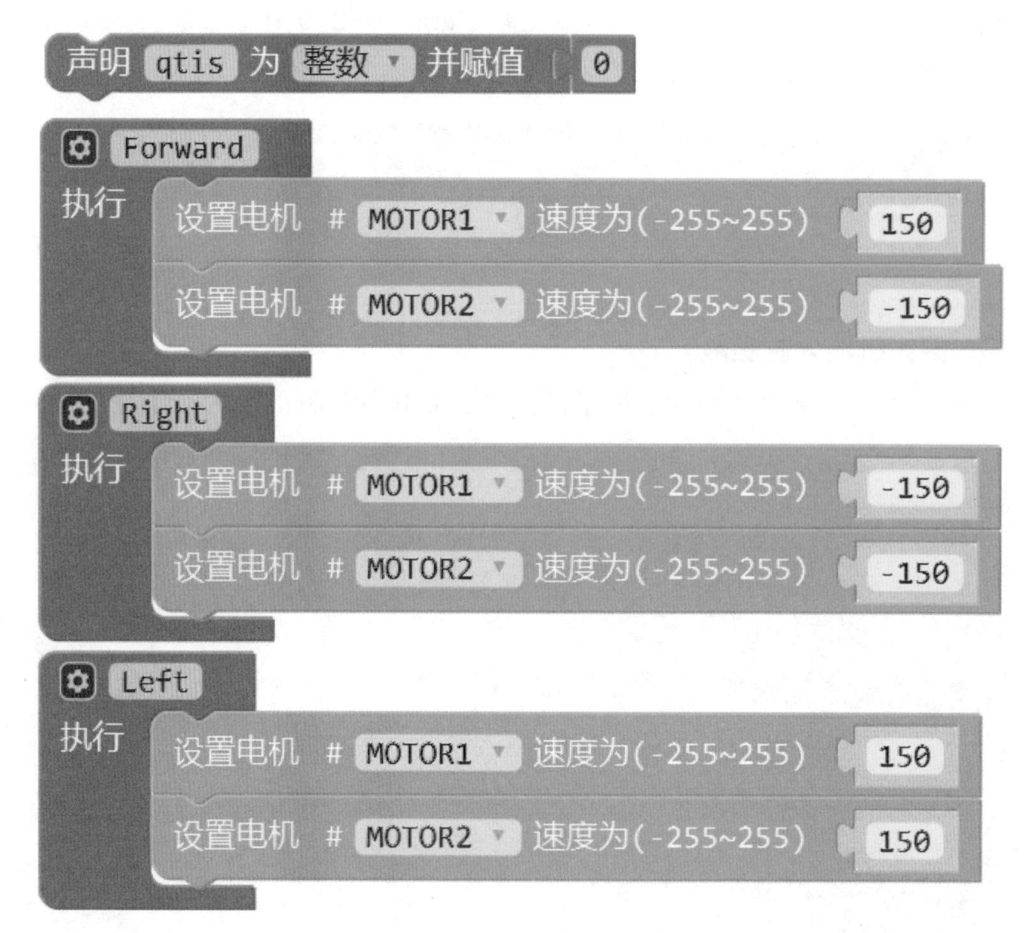

图 9.6 循线机器人的完整程序

```
重复 满足条件 1
执行 qtis 赋值为 QTI灰度传感器 管脚 IN1 × 2 + QTI灰度传感器 管脚 IN2
     switch qtis
     case 0
         执行 Forward
     case 1
         执行 Right
     case 2
         执行 Left
     case 3
         执行 Forward
     default 跳出 循环
```

图 9.6 循线机器人的完整程序（续）

9.6 本章拓展

循线程序中的 switch 语句可以用多个“如果……执行……”语句来代替，大家可以一起动手来修改程序，看谁能用“如果……执行……”语句实现机器人的循线功能。

第10章 会停站的循线机器人

随着科学技术的快速发展，出现了无人驾驶汽车，如图 10.1 所示，它可以在没有驾驶员的情况下自主行驶，并躲避车辆，到达目的地后自主停靠。

无人驾驶汽车是智能汽车中的一种，也被称为轮式移动机器人，它主要依靠车内以计算机系统为主的智能驾驶仪来实现无人驾驶的目标。它利用车载传感器感知车辆周围环境，并根据感知所获得的道路、车辆位置和障碍物信息，控制车辆的转向和速度，从而使车辆能够安全、可靠地在道路上行驶。无人驾驶汽车的工作原理如图 10.2 所示。

图 10.1 无人驾驶汽车

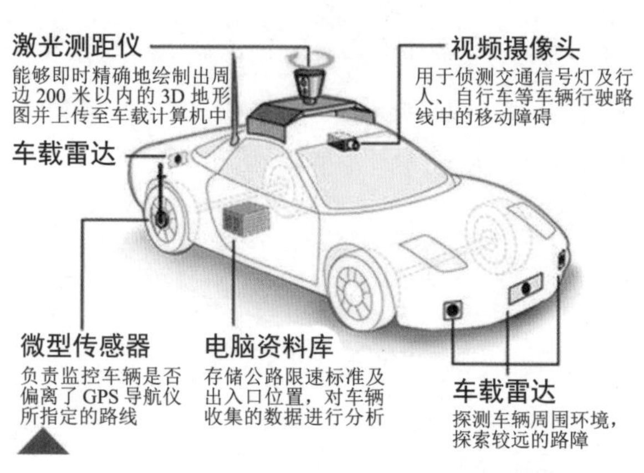

图 10.2 无人驾驶汽车的工作原理

无人驾驶汽车是通过车载传感器系统感知道路环境，自动规划行车路线并控制车辆到达目的地的智能汽车。

无人驾驶汽车是不是很厉害！下面就让我们一起来设计一款类似无人驾驶汽车的循线机器人，让它到达站点后能够自动停下来吧！

10.1 回顾 QTI 传感器的使用

QTI 传感器如图 10.3 所示，它能够识别黑线。当 QTI 传感器检测到黑色时，会输出高电平“1”；当 QTI 传感器检测到其他颜色时，会输出低电平“0”。QTI 传感器作为识别黑线的传感器，一共有 3 个引脚，分别是 VCC、GND 和 SIG。

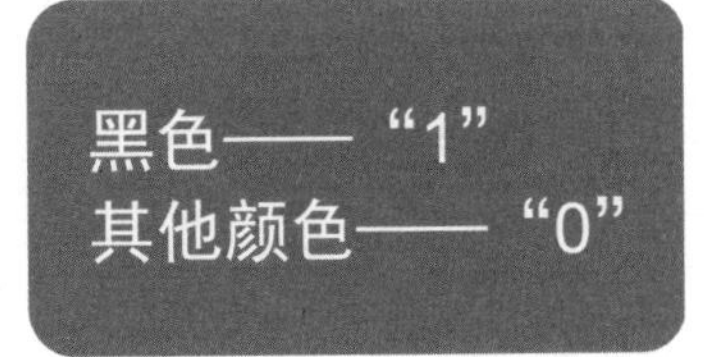

图 10.3 QTI 传感器

QTI 传感器是将红外发射器和红外接收器集成封装在一起的传感器，给 QTI 传感器供电后，红外发射器发射红外线，当红外线遇到黑色的表面时，大部分红外线被吸收，反射回来的很少，接收器接收到的红外线就少，此时 SIG 引脚输出高电平“1”。反之，当红外线遇到白色的表面时，反射回来的红外线较多，此时 SIG 引脚输出低电平“0”。QTI 传感器的最佳检测距离为 10 毫米。

10.2 机器人的运动控制

机器人运动方向的定义和不同运动方向的控制函数定义如图 10.4 和图 10.5 所示。

图 10.4 机器人运动方向的定义

图 10.5 机器人不同运动方向的控制函数定义

对机器人 4 个运动方向的控制，通过 Forward（向前）、Back（后退）、Left（向左）、Right（向右）函数执行，添加执行参数 x，确定程序需要执行多少毫秒。

10.3 机器人的停站规则

会停站的循线机器人的运动轨迹如图 10.6 所示。

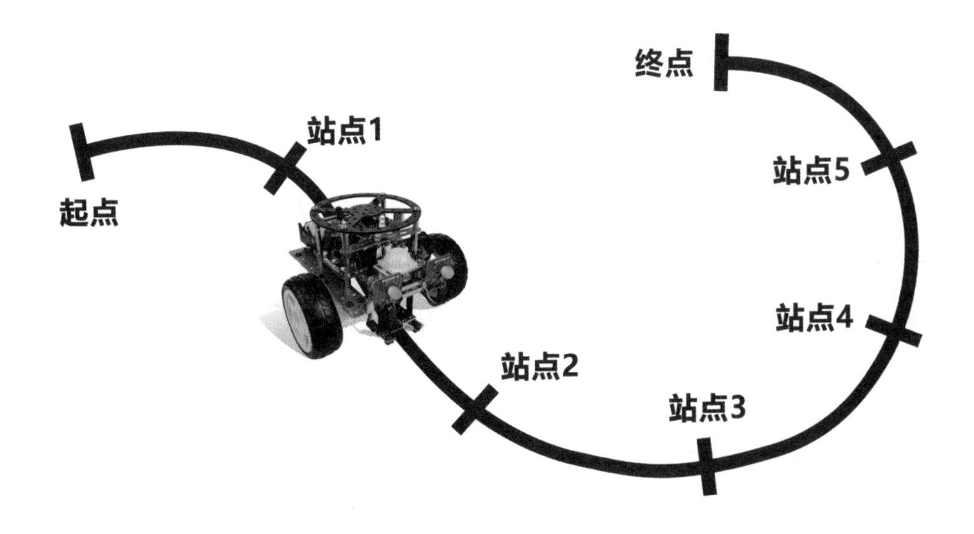

图 10.6 会停站的循线机器人的运动轨迹

循线机器人在 S 形黑线上循线前进，在起点站和终点站都有一条长直黑线，机器人从起点站开始沿着黑线运动，到达终点站黑线时，停止运动，从而实现机器人的停站功能。

会停站的循线机器人的控制规则如下。

❶ 机器人在循线运动过程中，若处于黑色曲线轨道上，则前进。

❷ 机器人在循线运动过程中，若左偏离黑线轨道，则向右转。

❸ 机器人在循线运动过程中，若右偏离黑线轨道，则向左转。

❹ 机器人在黑线起点处开始沿着黑线循迹，到达黑线终点时机器人就自动停下来。

是不是很厉害！让我们一起来设计一款类似无人驾驶汽车的循线机器人，让它到达站点后能够自动停下来吧！

10.4 程序设计

声明 qtis 为 整数 并赋值 0

初始化声明整数变量 qtis，由于后面要将两个 QTI 传感器检测到的值相加，所以将 qtis 初始化为 0。

定义向前函数、向左函数、向右函数、后退函数和停止函数，参数 x 为函数执行的时长。

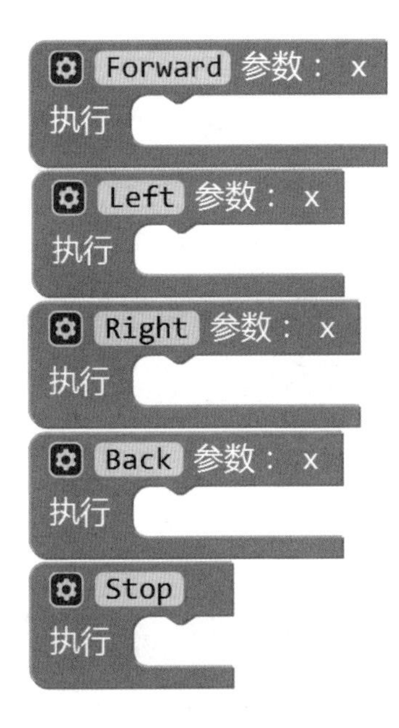

下列语句表示使用变量 x，通过变量 x 控制延时的时长，从而控制机器人的行走距离。

设置电机引脚为 MOTOR2，电机的速度为 140。速度有正负之分，正代表电机正转，负代表电机反转。

设置电机 # MOTOR2 速度为(-255~255) 140

执行向前函数，参数 x 为 140，即电机运转 140 毫秒。

若满足条件为 1，则重复执行其他语句。

将一个 QTI 传感器检测到的值乘以 2，加上另一个 QTI 传感器检测到的值，再赋值给 qtis，即检测机器人两个 QTI 传感器的实时状态。

执行 switch 语句，当 qti 等于 1 时，执行 case 1 向右函数；当 qti 等于 2 时，执行 case 2 向左函数；当 qti 等于 3 时，执行 case 3 停止函数并停止程序运行；当 qtis 等于 0 时，执行 case 0 向前函数。

在循线机器人的停站功能完整程序中，先进行初始化声明和各个函数的功能定义，再执行向前函数，参数 x 为 140，机器人前进 140 毫秒，接着执行 switch 语句，根据 qtis 的值选择机器人的运动函数，直到 qtis 等于 3 时机器人停止运行，程序停止。

10.5 本章小结

❶ QTI 传感器的使用。

❷ 机器人的运动控制。

❸ 机器人的停站规则。

❹ 会停站的循线机器人的程序设计。

第 11 章 防碰撞循线机器人

防碰撞循线机器人是根据实际的汽车行驶情况来设计的，所以防碰撞机器人对我们现代科技的发展有着重要的意义。

本章就让我们一起来探索防碰撞循线机器人吧！

11.1 回顾第 10 章的内容

通过第 10 章的学习我们已经充分了解了如何设计和制作会停站的循线机器人。机器人的停站和循线功能从起点开始到终点结束，其运动轨迹如图 11.1 所示。

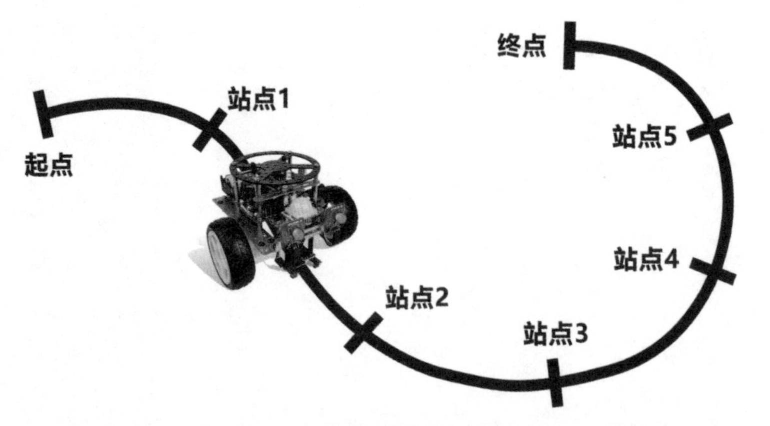

教学视频

演示视频

图 11.1 会停站的循线机器人的运动轨迹

11.2 红外避障传感器

红外避障传感器用于检测障碍物。当检测到障碍物时，OUT 引脚输出低电平“0”；当未检测到障碍物时，OUT 引脚输出高电平“1”。该传感器自带 LED 信号指示灯，其实物如图 11.2 所示。

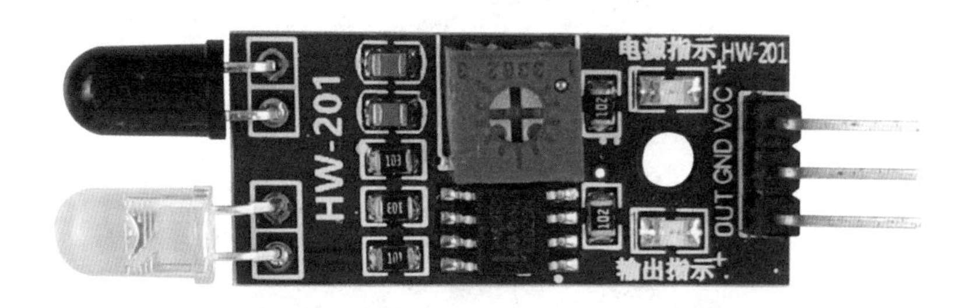

图 11.2 红外避障传感器

我们可以通过旋转图 11.2 中的蓝色旋钮来调节红外避障传感器的检测距离，是不是觉得很不可思议呀？这也是机器人的厉害之处，它可以通过我们的调整来适应不同的环境。大家可以试验一下，看看通过旋钮调节，红外避障传感器的灵敏度是不是提高了呢？

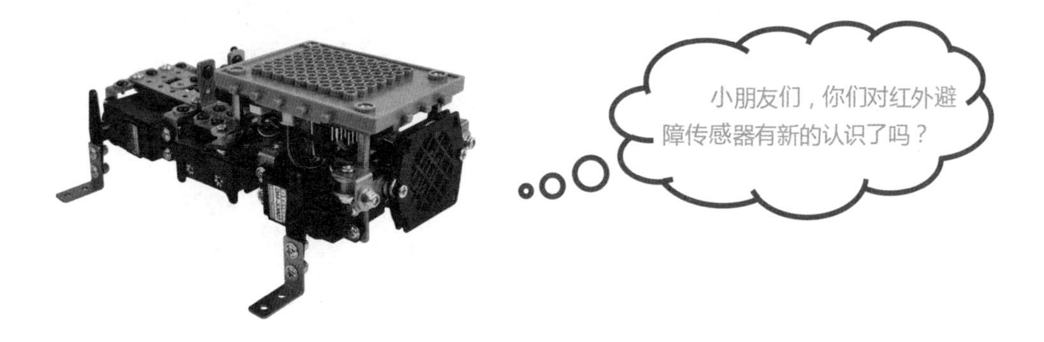

11.3 防碰撞循线机器人的规则

防碰撞循线机器人的实物如图 11.3 所示。

图 11.3 防碰撞循线机器人

防碰撞循线机器人的规则是：机器人循迹黑线，沿黑线行走，当机器人检测到前方有障碍物时，机器人立即停止。

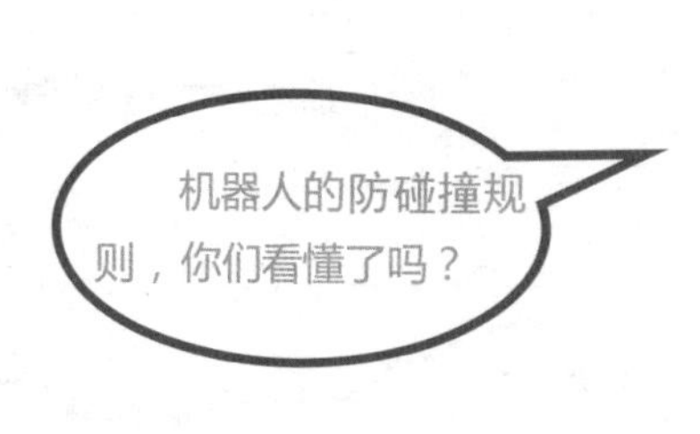

循线机器人防碰撞功能是本章学习的重点哦！

11.4 防碰撞循线机器人的程序

防碰撞循线机器人的程序与上一章会停站的循线机器人的程序大致相同，只是多了与红外避障传感器相关的语句。

将红外避障传感器连接至控制器的 OUT4 引脚，由该引脚读取红外避障传感器检测到的值（0 或 1）。

在红外避障传感器语句前面加个“非”，将读取的红外避障传感器检测到的值（0 或 1）取反。

```
重复 满足条件 1
执行 设置电机 # MOTOR1 速度为(-255~255) 0
     设置电机 # MOTOR2 速度为(-255~255) 0
```

当满足条件为 1 时，重复执行将两个电机的速度都设置为零的操作，即当机器人碰到障碍物时，机器人停止。

整理上述程序段，得到防碰撞循线机器人遇到障碍物时立即停止的程序。

```
如果 非 红外传感器 管脚 OUT4
执行 重复 满足条件 1
     执行 设置电机 # MOTOR1 速度为(-255~255) 0
          设置电机 # MOTOR2 速度为(-255~255) 0
```

上面的程序看明白了吗？

让我们复习一下下面的内容吧！

跳出当前程序的“重复执行”语句。

与第10章的内容一样，初始化声明整数变量qtis，并将其赋值为0，为后面的机器人循线做好准备。

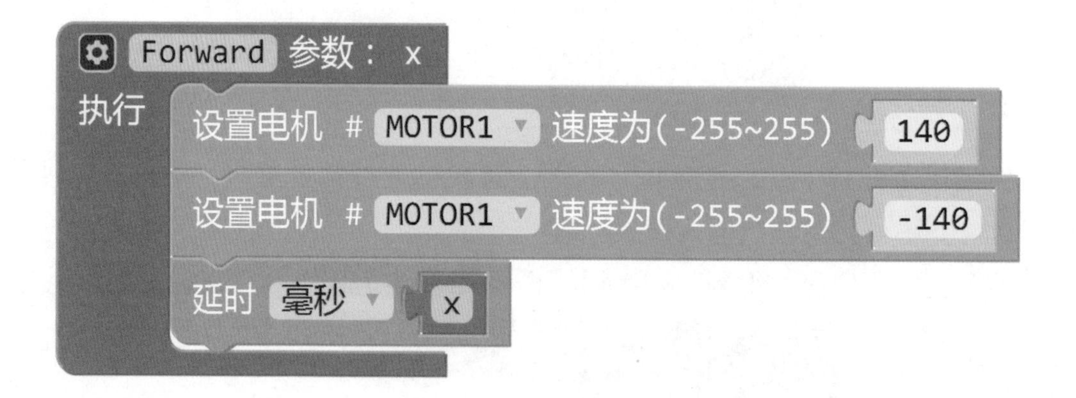

小朋友们，上一章已讲过以上程序，大家记牢了吗？

第12章 循线机器人竞赛

前面我们已经学习过循线机器人和会停站的循线机器人，相信大家已经掌握了机器人循线和停站的原理，本章我们将举行循线机器人竞赛，看看谁能以最短的时间完成竞赛任务。

教学视频

演示视频

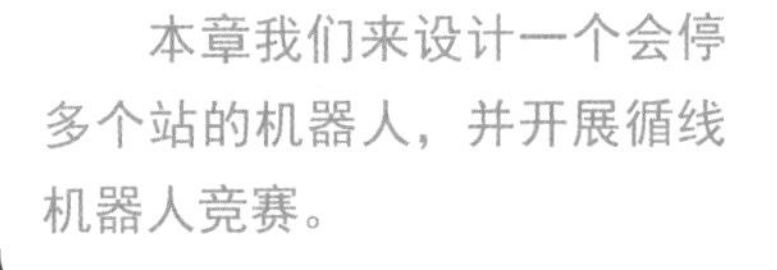

本章我们来设计一个会停多个站的机器人，并开展循线机器人竞赛。

12.1 循线机器人竞赛规则

循线机器人竞赛场地如图 12.1 所示，其竞赛规则如下。

❶ 比赛场地为 S 形，机器人从起点出发，到达终点处停止。

❷ 比赛前随机从 5 个站点中抽取 3 个站点，机器人到达抽取到的 3 个站点时必须停止 3 秒钟，然后继续前进。

❸ 每循对一个抽取到的站点加 1 分，满分 3 分，循错站点扣 1 分，未停够 3 秒钟不得分（在指定站点停至少 3 秒钟视为游览成功）。

❹ 到达终点停止得 1 分，没到达终点或到达终点不停止不得分（机器人任何一部分接触到终点黑线即视为到达终点）。

❺ 在成绩一样的情况下，用时越少排名越靠前。

注意：站点黑线要垂直主黑线粘贴，竞赛场地的起点与终点之间的水平距离至少 1 米以上，站点与站点之间要足够长。

图 12.1 循线机器人竞赛场地

12.2 循线机器人竞赛的程序设计

1、变量的定义和子函数的编写

❶ 变量的定义。定义变量 qtis 和变量 num，如图 12.2 所示。变量 qtis 用来记录左、右 QTI 传感器的电平信息变化，变量 num 用来记录走过的站点。

```
声明 qtis 为 整数 并赋值 0
声明 num 为 整数 并赋值 0
```

图 12.2 变量的定义

❷ 电机基本动作函数的搭建。本次竞赛需要用到前进函数、左转函数、右转函数和停止函数。在竞赛过程中，需要机器人前进一段距离跳过黑线，所以前进函数需要加入延时模块来控制前进距离，而其他函数则不需要。

编写电机运动控制函数，如图 12.3 所示。

```
Forward 参数：x
执行 设置电机 # MOTOR1 速度为(-255~255) 140
     设置电机 # MOTOR1 速度为(-255~255) -140
     延时 毫秒 x
```

（a）前进函数

```
Right
执行 设置电机 # MOTOR1 速度为(-255~255) -150
     设置电机 # MOTOR2 速度为(-255~255) -150
```

（b）右转函数

```
Left
执行 设置电机 # MOTOR1 速度为(-255~255) 150
     设置电机 # MOTOR2 速度为(-255~255) 150
```

（c）左转函数

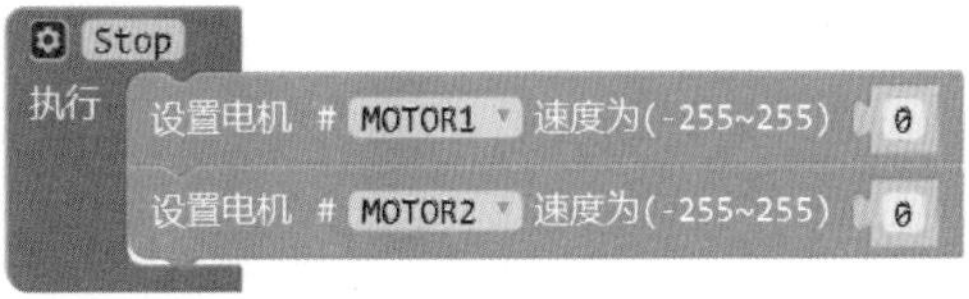

```
Stop
执行 设置电机 # MOTOR1 速度为(-255~255) 0
     设置电机 # MOTOR2 速度为(-255~255) 0
```

（d）停止函数

图 12.3 电机运动控制函数

❸ QTI 循线子函数。对于循线程序，前面我们已经学习和应用过多次，主要通过左、右 QTI 传感器的值来调整机器人的运动，让机器人循线行走。这里我们把 QTI 循线程序搭建成子函数，如图 12.4 所示，便于直接调用。

图 12.4 编写 QTI 循线子函数

❹ 到站停车函数。要从 5 个站点中随机取 3 个站点停车，且要停 3 秒以上，我们需要用到 switch 语句来搭建到站停车函数，这样可以方便修改要停的站点。变量 num 用来记录到达的站点数，通过 num 可以判断到达当前站点是否需要停车。如果到达当前站点需要停车，则调用 stop 电机停止函数，再通过延时程序块延时 3 秒，3 秒后机器人前进 165 毫秒，跳过黑线继续循线；如果到达当前站点不需要停车，则直接前进 165 毫秒跳过黑线。

编写的到站停车函数如图 12.5 所示。

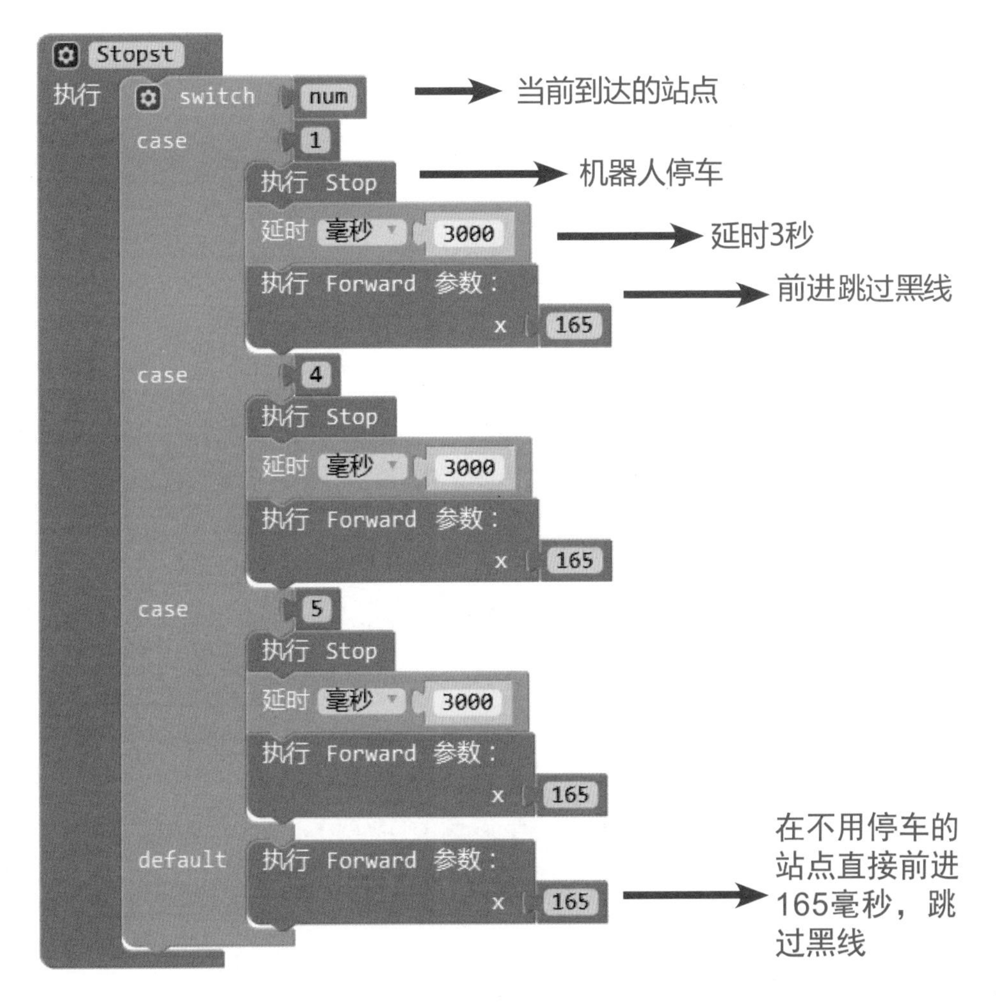

图 12.5 到站停车函数

2、循线机器人竞赛程序主函数

循线机器人竞赛程序主函数分为启动、循线到站、停止 3 部分。具体程序如图 12.6 所示。

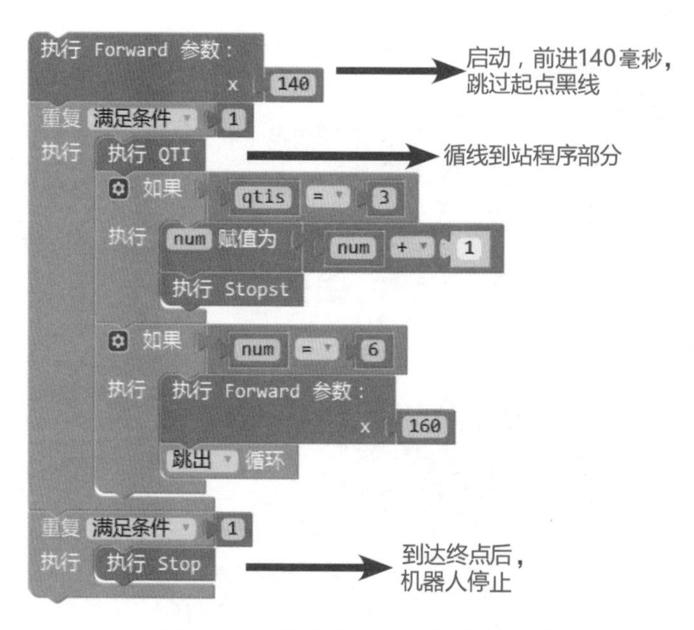

图 12.6 循线机器人竞赛程序主函数

❶ 启动。机器人从起点出发，因为起点黑线不是站点，所以我们要跳过起点黑线，因此机器人启动时，调用前进函数前进 140 毫秒，跳过起点黑线，具体程序如图 12.7 所示。

图 12.7 机器人启动跳过起点黑线程序

❷ 循线到站。循线到站的程序在一个“重复执行”程序块内，机器人一直循线，当 qtis=3 时，说明机器人到站了，机器人执行“如果……”程序块的程序，变量 num 加 1，并调用到站停车函数判断是否要停车。当 num=6 时，说明机器人到达终点，控制机器人前进 160 毫秒跳过终点黑线，最后调用“跳出循环”程序块来跳出“重复执行”的程序块。具体程序如图 12.8 所示。

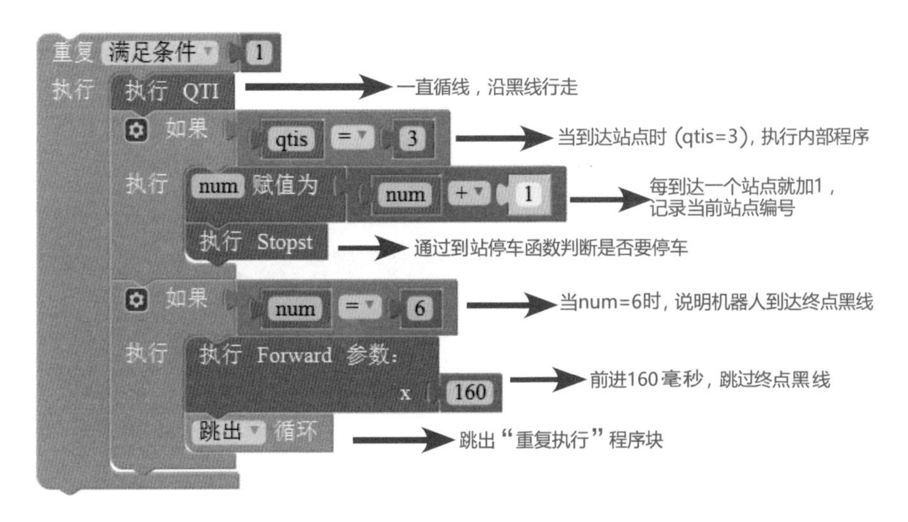

图 12.8 循线到站程序

❸ 停止。程序跳出循线到站的程序后，进入另一个“重复执行”程序块，程序一直执行内部的电机停止函数，故机器人一直在终点停止。具体程序如图 12.9 所示。

图 12.9 机器人在终点停止的控制程序

12.3 循线机器人竞赛的参考程序

循线机器人竞赛的参考程序如图 12.10 所示。

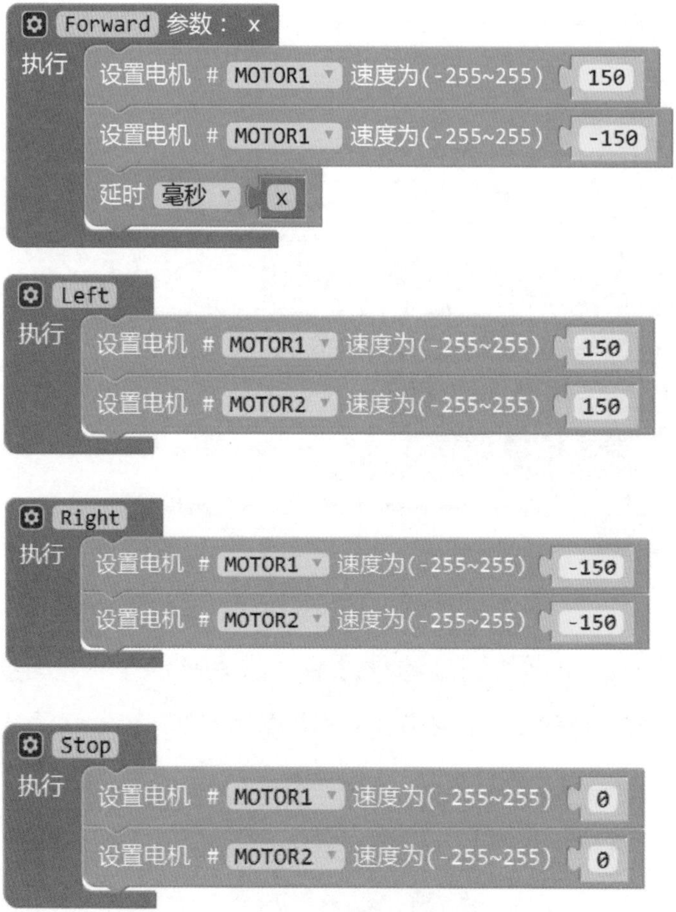

```
Forward 参数： x
执行 设置电机 # MOTOR1 速度为(-255~255) 150
     设置电机 # MOTOR1 速度为(-255~255) -150
     延时 毫秒 x

Left
执行 设置电机 # MOTOR1 速度为(-255~255) 150
     设置电机 # MOTOR2 速度为(-255~255) 150

Right
执行 设置电机 # MOTOR1 速度为(-255~255) -150
     设置电机 # MOTOR2 速度为(-255~255) -150

Stop
执行 设置电机 # MOTOR1 速度为(-255~255) 0
     设置电机 # MOTOR2 速度为(-255~255) 0
```

图 12.10 循线机器人竞赛的参考程序

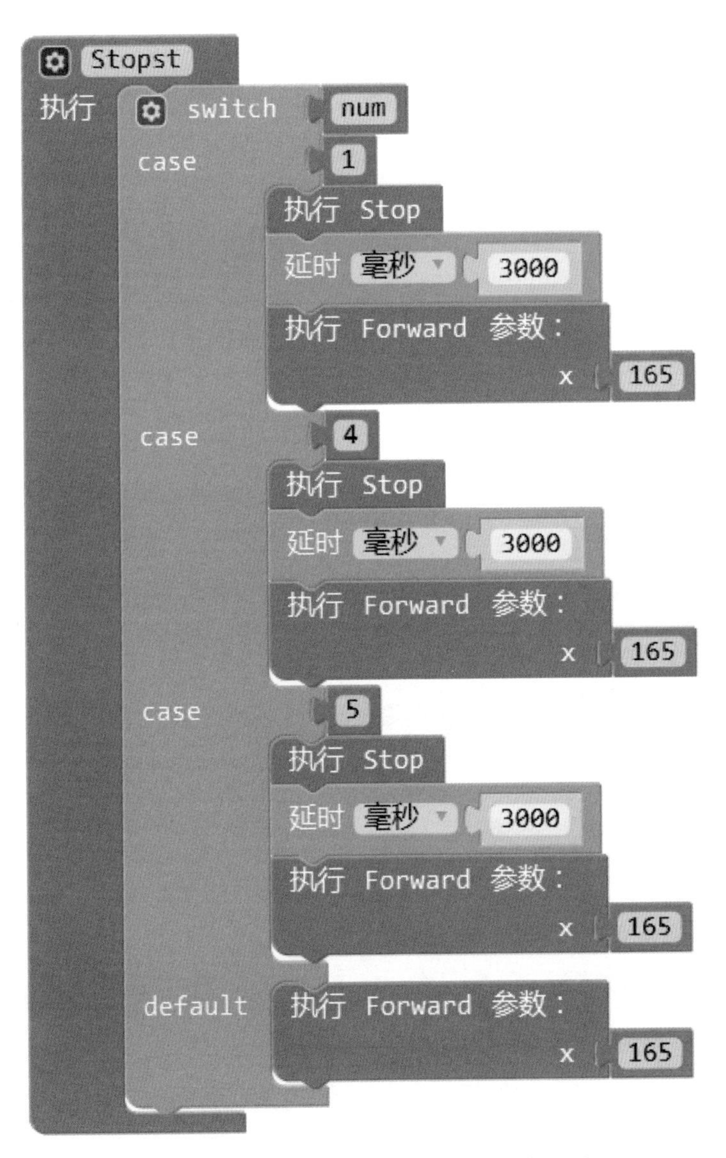

图 12.10 循线机器人竞赛的参考程序（续）

```
QTI
执行 qtis 赋值为 QTI灰度传感器 管脚 IN1 × 2 + QTI灰度传感器 管脚 IN2
     switch qtis
     case 0
          执行 Forward 参数：
                         x 1
     case 1
          执行 Right
     case 2
          执行 Left
     default

执行 Forward 参数：
               x 140
重复 满足条件 1
执行 执行 QTI
     如果 qtis = 3
     执行 num 赋值为 num + 1
          执行 Stopst
     如果 num = 6
     执行 执行 Forward 参数：
                        x 160
          跳出 循环
重复 满足条件 1
执行 执行 Stop
```

图 12.10 循线机器人竞赛的参考程序（续）

第13章　家庭服务机器人

教学视频

演示视频

家庭服务机器人是一种为人类服务的特种机器人，它能够代替人类完成家庭服务工作，其结构组成包括行进装置、感知装置、接收装置、发送装置、控制装置、执行装置、存储装置及交互装置等。

想一想，对于家庭服务机器人，大家都了解多少呢？

13.1 回顾 RGB 彩灯模块和 LED 灯的使用

还记得 RGB 彩灯模块和 LED 灯吗？ RGB 彩灯模块如图 13.1 所示。

图 13.1 RGB 彩灯模块

在第 7 章中我们已经学习过 RGB 彩灯模块了，当声音传感器检测到声音时，RGB 彩灯模块的 3 种颜色会随之变换。

对于 LED 灯，你回忆起多少了呢？

LED 灯如图 13.2 所示。

图 13.2 LED 灯

LED 灯有 3 个引脚，分别是 VCC、GND 和 IN（高、低电平输入端口）。注意，RGB 彩灯模块和 LED 灯都是比较重要的机器人组件哦！

13.2 人体红外传感器

人体红外传感器如图 13.3 所示。它是利用热释电效应原理制成的一种传感器，具有体积小、使用方便、工作可靠、检测灵敏、探测角度大、感应距离远等特点。

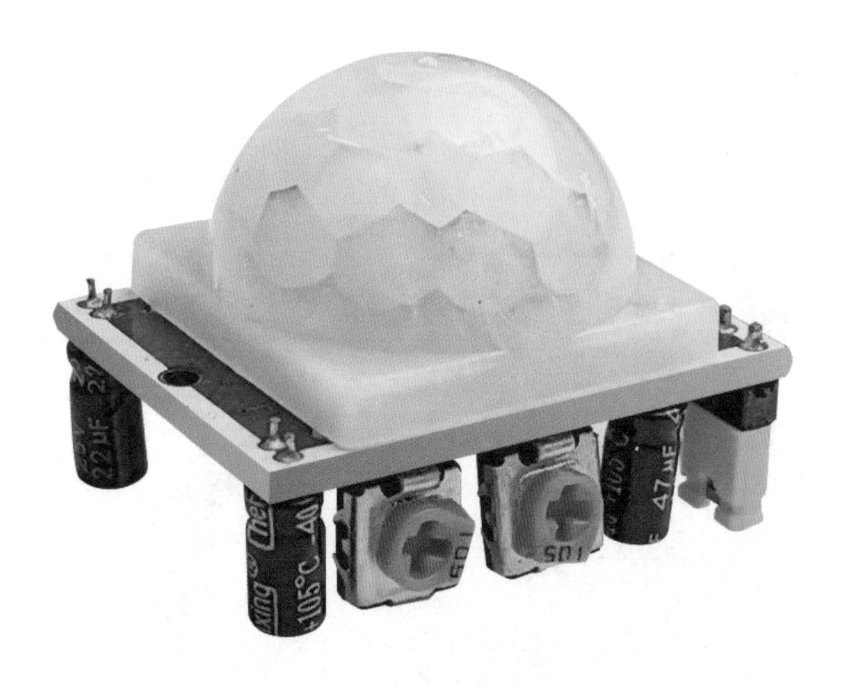

图 13.3 人体红外传感器

小朋友们，你们知道吗？

人体红外传感器能够用于检测人，当传感器检测到人时，其 OUT 引脚会输出高电平“1”；当传感器检测不到人时，其 OUT 引脚会输出低电平“0”。人体红外传感器上有两个旋钮，一个用于调节灵敏度，另一个用于调节检测范围。

对于机器人的程序设计，同学们能想到什么好办法吗？

13.3 家庭服务机器人的程序设计

声明整型变量 i，并且将其赋值为 1，为 RGB 彩灯模块的颜色切换做准备。

定义人体红外传感器为 IR 引脚，当 IR 引脚输入为 1 时，说明人体红外传感器检测到有人靠近。

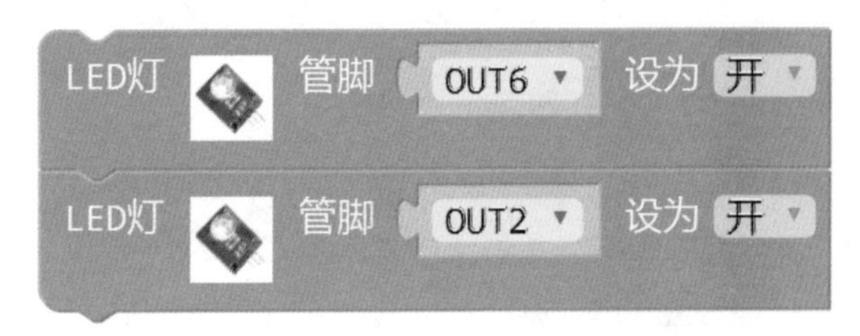

将两个 LED 灯的引脚定义为 OUT6 和 OUT2，并打开两个 LED 灯。

LED灯 管脚 OUT6 设为 开
LED灯 管脚 OUT2 设为 开

将 RGB 彩灯模块打开并切换为红色，延时 500 毫秒后熄灭，再将 i 赋值为 i+1，绿色和蓝色的设计与之类似。

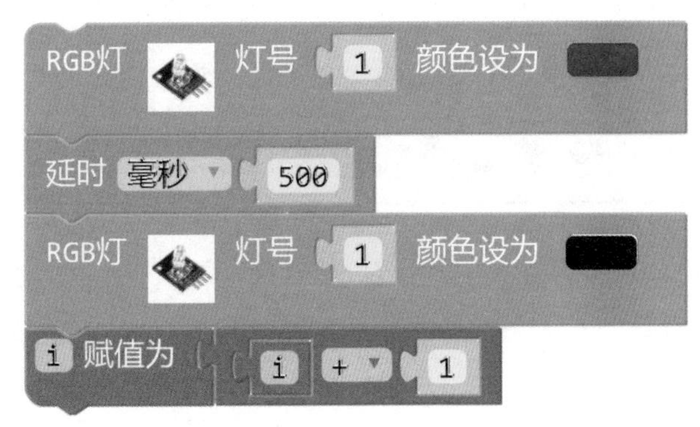

将RGB彩灯模块设为蓝色，延时500毫秒，将RGB彩灯模块熄灭，再将i赋值为i+1。

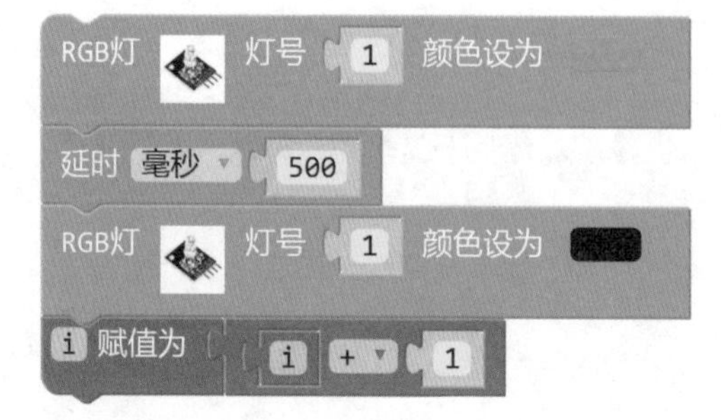

关闭两个LED灯。

与之前的设计程序相比，本程序有什么不同呢？机器人的规则是什么？同学们知道吗？

13.4 家庭服务机器人的规则

家庭服务机器人的规则是：人体红外传感器检测是否有人在，若有人在，则机器人的两个 LED 灯亮起、RGB 彩灯模块按 3 种颜色循环闪烁，机器人出来欢迎主人，直到检测不到人时，灯全部熄灭。

小朋友们：

对于家庭服务机器人，你们有自己的设计想法吗？

家庭服务机器人对当代的智能服务机器人有很大的影响哦。

怎么拓展家庭服务机器人的功能呢？

13.5 家庭服务机器人的拓展

人体红外传感器检测是否有人在，机器人通过 RGB 彩灯模块和 LED 灯的亮灭来体现对主人回家的欢迎。还可以通过编程加入一些有趣的动作来体现机器人对主人的欢迎。

小朋友们，现在你们对家庭服务机器人有没有新的认识呢？

13.6 本章小结

❶ 回顾 RGB 彩灯模块和 LED 灯。

❷ 学习人体红外传感器。

❸ 完成家庭服务机器人的程序设计。

❹ 学习家庭服务机器人的规则。

❺ 完成家庭服务机器人的拓展。

第 14 章　创意家居机器人

通过前面的学习，我们认识了许多有趣的传感器，并且完成了很多的设计作品。

14.1 回顾之前所学的传感器

1、听觉传感器

还记得机器人的听觉采用的是什么传感器吗？

声音传感器：

我们能辨别是什么声音，是谁发出的声音，声音有多响，也就是声音的三要素：音色、音调、响度。声音传感器并没有人的听觉那么厉害，它只能分辨声音的有无。

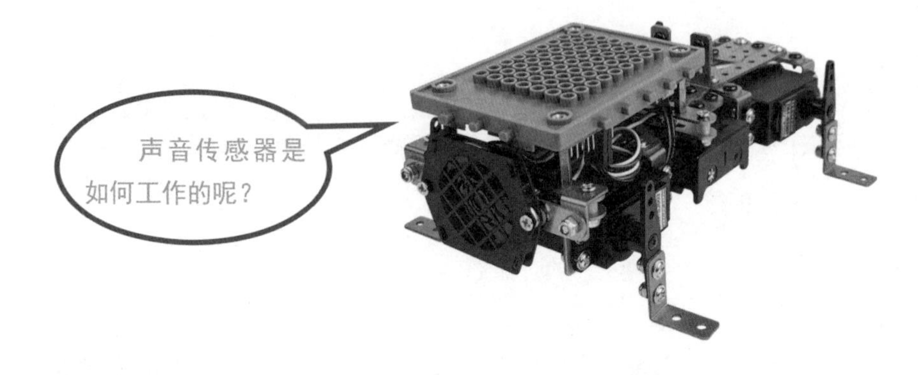

声音传感器有 3 个引脚，如图 14.1 所示，VCC 代表正极，GND 代表负极，OUT 代表输出端口。当声音传感器检测到声音时，OUT 引脚会输出一个低电平“0”；当声音传感器没有检测到声音时，OUT 引脚会输出一个高电平“1”。

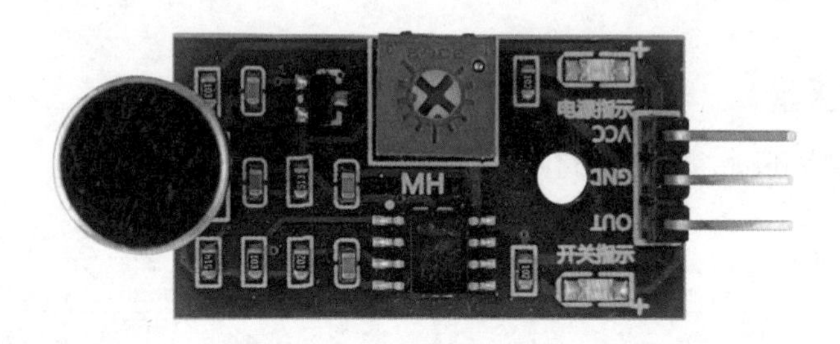

图 14.1 声音传感器

2、视觉传感器

机器人有哪些视觉呢？

❶ 光敏传感器。光敏传感器有 3 个引脚，如图 14.2 所示，VCC 代表正极，GND 代表负极，DO 代表数字输出端口。当光敏传感器检测到光时，DO 引脚会输出低电平“0”；当光敏传感器没有检测到光时，DO 引脚会输出高电平“1”。

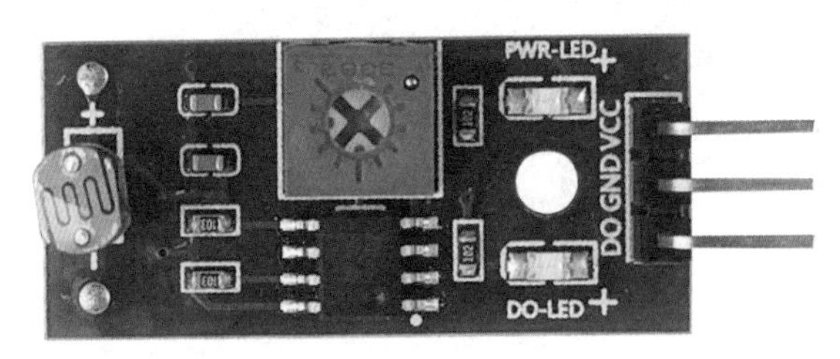

图 14.2 光敏传感器

❷ QTI 传感器。QTI 传感器能够识别黑线，如图 14.3 所示。当 QTI 传感器检测到黑色时，SIG 引脚会输出高电平“1”；当 QTI 传感器检测到其他颜色时，SIG 引脚会输出低电平“0”。

图 14.3 QTI 传感器

❸ 红外避障传感器。红外避障传感器通过发射红外线来检测障碍物，如图 14.4 所示。当红外线遇到障碍物时会反射回来，此时 OUT 引脚会输出低电平“0”；当前面无障碍物时，红外线不返回，此时 OUT 引脚输出高电平“1”。

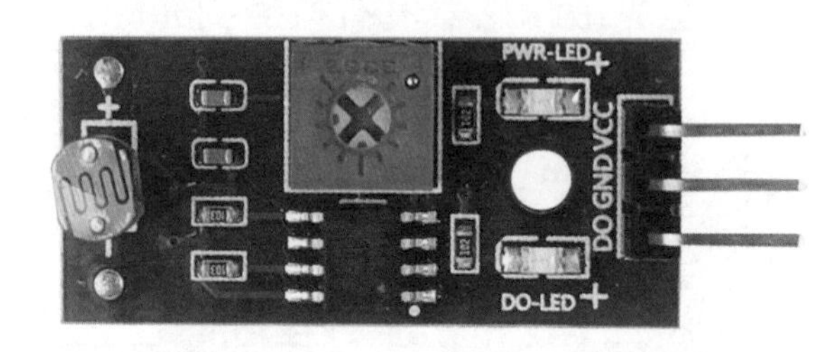

图 14.4 红外避障传感器

❹ 人体红外传感器。人体红外传感器能够用于检测人，如图 14.5 所示。当传感器检测到人时，OUT 引脚会输出高电平“1”；当传感器检测不到人时，OUT 引脚会输出低电平“0”。

图 14.5 人体红外传感器

3、发光 LED 灯模块

❶LED 灯。LED 灯如图 14.6 所示。高电平点亮 LED 灯，低电平熄灭 LED 灯。

图 14.6 LED 灯

❷RGB 彩灯模块。RGB 彩灯模块如图 14.7 所示，它自带限流电阻以防烧坏，能够利用红色、绿色和蓝色混合出多种颜色的灯光。

图 14.7 RGB 彩灯模块

4、电机模块

直流电机如图 14.8 所示，常用于控制机器人的轮子，它有两个金属接点，通过导线与机器人的大脑连接。我们的机器人右侧电机与 MOTOR1 的两个引脚连接，左侧电机与 MOTOR2 的两个引脚连接。机器人的运动方向定义如图 14.9 所示。

图 14.8 直流电机

图 14.9 机器人的运动方向定义

14.2 制作创意家居机器人

生 产 配 件

调酒

治安

购物

做饭

送餐

总结一下我们一共学习了多少种传感器呢？

你觉得我们的机器人还能实现什么功能呢？

发挥想象力，利用这些传感器开始设计自己的创意家居机器人吧！